前言

现如今，我们已经进入了"全民短视频时代"，短视频已经成了大家休闲娱乐和记录生活的重要方式，也是获取信息和学习的主流渠道。越来越多的人喜欢用视频展示自己的独特个性和风格。随着抖音官方推出的剪映App（手机版）和剪映专业版（电脑版）不断升级和完善，越来越多的人选择使用剪映来制作自己的视频。

你是否曾经被那些在影视或者网络上看到的视频中的各种炫酷特效所震撼？它们为视频起到锦上添花的效果。别担心，本书将帮助你掌握如何为自己的视频添加各种特效，以及特效的使用技巧和方法。无论你是剪辑新手还是高手，无论是剪辑短视频还是长视频，剪映都能让这个过程变得更简单、更高效。本书是初学者学习剪映的经典教程，重点介绍了剪映App和剪映电脑版的剪辑技巧，以及热门案例和特效的制作，帮你从零开始，掌握视频剪辑和制作技术。

本书将带领你踏上视频剪辑的奇妙之旅。无论你是想将美好的视频分享到社交平台，还是想将视频完美剪辑后自己珍藏，本书都将在创作之路上助你一臂之力。

最后，我要感谢你选择本书，希望本书能够帮助你在视频剪辑的旅程中取得巨大的进步，享受创作的乐趣！

目录

剪映

短视频制作从入门到精通

手机版 + **电脑版**

吾影视觉 著

人民邮电出版社

北京

图书在版编目（ＣＩＰ）数据

剪映短视频制作从入门到精通 : 手机版+电脑版 /
吾影视觉著. -- 北京 : 人民邮电出版社，2024.7
ISBN 978-7-115-64510-4

Ⅰ. ①剪… Ⅱ. ①吾… Ⅲ. ①视频编辑软件－教材
Ⅳ. ①TP317.53

中国国家版本馆CIP数据核字(2024)第109416号

内 容 提 要

本书全面介绍了剪映App（手机版）和剪映专业版（电脑版）的使用方法。

本书首先从剪映App和剪映专业版的安装入手，详细介绍了剪映的基础功能，包括界面操作、素材管理和基本编辑技巧。随后，深入讲解了剪映的进阶使用方法，如变速、防抖、美颜等高级功能，以及如何运用关键帧动画制作更具创意的视频效果。接下来，还介绍了如何添加字幕和音频、调色技巧的运用，以及如何利用合成效果和转场技巧为视频增强视觉效果和连贯性，以提升视频的质量的观感。最后，通过多个典型示例，帮助读者掌握如何运用所学知识创作出引人入胜的短视频作品。

本书通过系统的讲解和丰富的案例，帮助读者全面掌握剪映App的剪映专业版的使用技巧，从而提高视频编辑和创作的能力，无论是初学者还是专业视频编辑人员，都能从本书中获益。

◆ 著　　　吾影视觉
责任编辑　杨　婧
责任印制　周昇亮

◆ 人民邮电出版社出版发行　　北京市丰台区成寿寺路 11 号
邮编　100164　电子邮件　315@ptpress.com.cn
网址　https://www.ptpress.com.cn
北京九天鸿程印刷有限责任公司印刷

◆ 开本：880×1230　1/32
印张：8　　　　　　　　2024 年 7 月第 1 版
字数：412 千字　　　　2024 年 7 月北京第 1 次印刷

定价：59.80 元

读者服务热线：(010)81055296　印装质量热线：(010)81055316
反盗版热线：(010)81055315
广告经营许可证：京东市监广登字 20170147 号

第四章 为视频添加文字使其充满艺术气息

第五章 添加音频，打造沉浸式氛围

目录 _____

● 打好学习剪映的基础

剪映是抖音官方推出的一款视频剪辑应用。目前有针对手机端的剪映 App 和针对电脑的专业版。另外剪映还提供了网页版和支持协作的企业版。本教程主要介绍手机端的剪映 App 和电脑端的剪映专业版的操作方法。

01 剪映：
视频编辑的得力助手

剪映概述

剪映，这款由抖音官方推出的手机视频编辑工具，自推出以来就备受用户喜爱。它不仅功能全面，而且操作简单，让视频创作变得轻松愉快。

首先，剪映具备了丰富的剪辑功能，满足了用户对于视频剪辑的各种需求。无论是变速、倒放、画布、转场，还是贴纸、字体、曲库、变声、滤镜、美颜等效果，剪映都能轻松实现。这使得用户可以根据自己的创意和想法，自由地调整和组合，创作出独具特色的视频作品。

其次，剪映还提供了丰富的模板类型和曲库资源。用户可以选择自己喜欢的模板，然后上传对应的照片或视频素材，一键即可生成炫酷大片。这大大降低了视频创作的门槛，让没有专业剪辑技能的用户也能轻松制作出高质量的视频。

值得一提的是，自2021年2月起，剪映支持在手机移动端、Pad端、Mac电脑和Windows电脑全终端使用。这使得剪映的应用场景更加广泛，无论是在户外拍摄还是在家中创作，都能随时随地进行视频编辑。

此外，剪映还提供了视频创作学院，课程内容覆盖脚本构思、拍摄、剪辑、调色、账号运营等多种主题。这为用户提供了一个系统学习视频创作的平台，无论是初学者还是专业人士，都能在这里找到适合自己的课程。

综上所述，剪映作为一款功能全面、操作简单的视频编辑工具，不仅降低了视频创作的门槛，还为用户提供了丰富的模板和曲库资源。同时，全终端的支持和视频创作学院的开设，使得剪映成为了视频编辑的利器。对于那些热爱视频创作的人来说，剪映无疑是一个不可或缺的工具。

剪映App和剪映专业版的区别

剪映App和剪映专业版在功能和定位上存在一些区别。

1. 功能差异

剪映App：提供了一系列基本的视频剪辑工具，例如裁剪、拼接、转场和滤镜等，使用户能够轻松地对视频进行编辑。此外，该应用还提供了一些预设的模板和音效，使用户能够快速制作出具有专业感的视频作品。

剪映专业版：在功能上更为强大和专业，除了具备基础的视频剪辑功能外，还增加了多轨编辑、高级调色和音频编辑等功能，满足用户更为复杂的编辑需求。同时，该版本还支持更多高级的模板和音效，能够满足专业用户对于视频制作的高标准要求。

2. 定位差异

剪映App：主要服务于广大普通用户，致力于提供简洁直观的视频剪辑解决方案。凭借其易于使用的特性，用户可轻松创作出心仪的视频作品，极大地降低了视频制作的门槛。

剪映专业版：相较于剪映App，剪映专业版提供了更为丰富和专业的剪辑工具，满足专业人士对视频制作的精细化需求。这一版本无疑为专业用户提供了一个功能强大的平台，助其打造出更高质量的视频作品。

总结来说，剪映App和剪映专业版在功能和定位上有所不同，普通用户可以选择使用剪映App进行简单的视频剪辑，而专业用户则可以选择使用剪映专业版进行更加全面和专业的视频制作。

剪映App的下载及安装

首先打开手机的应用市场或者手机上的第三方应用商店。由于各手机应用市场名称和图标都各不相同，所以下图只列出了目前主流手机的应用市场图标，如图1-1所示。

◆ 图1-1

　　打开应用市场，点击搜索框，输入"剪映"。点击右侧的"安装"按钮，如图1-2所示。

　　等待软件安装完成，手机桌面上会有一个剪映App的图标。

◆ 图1-2

剪映专业版的下载及安装

　　我们可以访问剪映软件的官方网站来下载剪映专业版的安装程序。在安装之前我们需要了解下剪映专业版对于电脑硬件的需求。剪映软件分为最低配置和推荐配置。我们如果只是学习使用或者是轻度用户，那么使用高于或等于最低配置的硬件即可。如果你是专业用户，平时要处理大量的高清视频，这时候推荐配置才是我们的最佳搭配。下面简要列出剪映专业版的最低配置和推荐配置。

项目	最低配置	推荐配置
硬盘空间	8 GB 可用磁盘空间（用于程序安装、缓存和媒体资源存储）	8 GB 或更多的可用磁盘空间或高速固态硬盘 SSD
显卡	NVIDIA GTX 900 系列及以上型号；AMD RX560 及以上型号；Intel HD 5500 及以上型号；显卡驱动日期在 2018 年或更新；2 GB GPU VRAM（核显共享RAM，包括在总RAM内）	NVIDIA GTX 1000 系列及以上型号；AMD RX580 及以上型号；显卡驱动日期在 2018 年或更新；6GB GPU VRAM；NVIDIA显卡： Win11 下驱动版本推荐472.12版本（2021年9月20日）或更新

续表

项目	最低配置	推荐配置
显示器分辨率	1920 x 1080或更高分辨率	1920 x 1080或更高分辨率；HDR显示：推荐DisplayHDR 600或更高标准
操作系统	Win 7/Win 8.1/Win 10/Win 11或更高版本，64位操作系统	Win 10/Win 11或更高版本，64位操作系统
处理器	Intel ®Core 第 6 代或更新款的 CPU 或 AMD Ryzen™ 1000 系列或更新款的 CPU	Intel® Core 第 8 代或更新款的 CPU 或 AMD Ryzen™ 3000 / Threadripper 2000 系列或更新款 CPU
内存	8 GB RAM	16 GB RAM，用于 HD 媒体；32 GB RAM，用于 4K 媒体或更高分辨率
声卡	与 ASIO 兼容或 Microsoft Windows Driver Model	与 ASIO 兼容或 Microsoft Windows Driver Model

确认电脑配置没有问题后，我们就可以从网站下载安装程序并进行安装了。双击我们下载好的程序，会出现如图1-3所示的安装界面。

◆ 图1-3

剪映默认安装在操作系统所在的磁盘。如果想更改安装的位置，可以点击上图中的"更多操作"，在弹出的界面中更改剪映专业版的安装目录，如图1-4所示。

◆ 图1-4

　　点击右侧的"浏览"，就可以手动选择软件的安装目录。安装程序默认会创建一个剪映的桌面快捷方式。如果我们不需要桌面快捷方式，则可以将"创建桌面快捷方式"前面的复选框取消勾选。选择完成后，点击"立即安装"就可以进行程序的安装了。安装过程不需要我们进行任何的干预。安装完成后会出现如图1-5所示的界面。

◆ 图1-5

　　这个时候如果不需要立即打开程序进行使用，则可以点击右上角的"关闭"来关闭当前界面。如果想立即使用，点击"立即体验"即可。

02 学习剪映 App 从界面开始

主界面功能详解

　　打开剪映App，首先映入眼帘的是剪映的主界面，如图1-6所示。主界面分为五个区域：顶部的帮助中心和设置中心，上方的创作区，中间的功能区和下方的草稿区，以及底部的菜单栏。

◆ 图1-6

帮助中心和设置中心

在界面的右上角，可以看到"帮助"和"设置"。剪映举办投稿活动时还会出现一个视频投稿活动入口，如图1-7所示。

点击"帮助"，即可进入帮助中心，如图1-8所示。在帮助中心中，可以查看剪映的最新功能和常见问题，如图1-9所示。

◆ 图1-7　　　　　◆ 图1-8　　　　　◆ 图1-9

你也可以在搜索框中输入自己想要查询的内容，对你想了解的问题答案进行搜索。

例如，在搜索框输入"如何提升视频清晰度"，即可搜索到相应的结果，如图1-10和图1-11所示。

 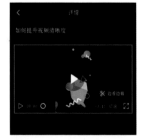

◆ 图1-10　　　　　◆ 图1-11

点击"设置"，即可进入设置中心，如图1-12所示。在设置中心中，可以看到"自动添加片尾"功能，如图1-13所示，开启这个功能会在视频末尾自动添加一个片段。如果你不需要给视频添加自动片尾，可以将该功能关闭，如图1-14所示。

◆ 图1-12

◆ 图1-13

◆ 图1-14

创作区

　　点击"开始创作"，如图1-15所示，即可进入素材添加界面，你可以在手机相册中选择需要编辑的视频或照片，把它添加到剪辑项目里，如图1-16和图1-17所示。

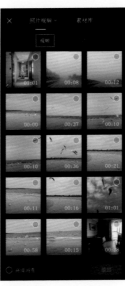

◆ 图1-15

◆ 图1-16

◆ 图1-17

如果你的手机相册中有众多视频和照片，一时间无法找到你想要的素材，那么你也可以点击"照片视频"，如图1-18所示，唤出相册菜单，直接选择素材所在的相册，然后再从相册里进行素材的快速选择。例如这里选择名为"视频"的相册，如图1-19所示，即可进入"视频"相册中，这样就能够进行素材的快速选择，如图1-20所示。

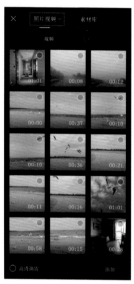
◆ 图1-18

◆ 图1-19

◆ 图1-20

为了提高剪辑的效率，建议提前对所有的素材进行整理分类，将手机相册命名为方便查找的相册名称。我们的手机相册中往往都保存了很多拍摄的视频和照片，这些素材通常可以分为不同的类别，例如美食、旅行、生活碎片等，我们也可以按照时间或者拍摄场景分类。例如：当拍摄素材是为了制作旅行Vlog时，通常会连续几天进行拍摄，那么我们可以将相册按照时间分类，比如"第一天""第二天""第三天"等，如图1-21所示；当拍摄素材是为了制作美食Vlog时，通常会转换几个不同的场景进行拍摄，那么我们就可以将拍摄的视频素材按照场景分类，比如"餐厅""书房""厨房"等，如图1-22所示。

◆ 图1-21

◆ 图1-22

在"照片视频"的右侧还
有一个"素材库"。点击"素
材库"，即可进入软件自带的
视频素材库，其中包括"黑白
场""转场片段""搞笑片
段""故障动画"等，如图1-23
所示。

例如点击"转场片段"，
可以看到很多时下比较流行的
视频转场片段，当你在制作视
频时，如果有转场的需要，又
想省去自己制作的麻烦时，可
以直接在这里进行选择，如
图1-24所示。

◆ 图1-23

◆ 图1-24

功能区

创作区的下方是剪映的功能区，其中包括"一键成片""图文成片""拍摄""录屏""创作脚本"
和"提词器"功能，如图1-25所示。

除了在创作区制作自己的原创视频，你还可以使用剪映的"一键成片"和"图文成片"功能快速生成
一个酷炫的短视频，如图1-26和图1-27所示。

◆ 图1-25

◆ 图1-26

◆ 图1-27

草稿区

主界面的下方是草稿区。如果你曾经使用剪映剪辑过短视频，那么所有的草稿都会被保存在草稿区中。点击"管理"，可以对不再需要的草稿进行选择和删除，如图1-28和图1-29所示。

◆ 图1-28　　　　　　　◆ 图1-29

菜单栏

主界面的底部是菜单栏。通过点击菜单栏中的"剪辑""剪同款""创作课堂""消息"和"我的"，即可切换至对应的功能界面，如图1-30所示。

"剪辑"功能界面即我们刚才看到的主界面，如图1-31所示。

"剪同款"功能界面中有非常多的视频模板，如图1-32所示，这些视频模版全部都是由视频创作者上传的，你可以使用他们的模版剪辑出同样效果的短视频，但有些模版是需要付费使用的。

◆ 图1-30　　　　　　　◆ 图1-31　　　　　　　◆ 图1-32

　　"创作课堂"功能界面中提供了多种多样的课程，你可以在这里学习到关于拍摄方法、剪辑方法、创作思路、账号运营等方面的内容，如图1-33所示。

　　"消息"界面可以查看来自官方的推送以及评论、粉丝和点赞等消息，如图1-34所示。

　　"我的"界面中可以管理你的账号或查看你喜欢的模板，如图1-35所示。

◆ 图1-33

◆ 图1-34

◆ 图1-35

剪辑界面功能详解

　　点击"开始创作"，如图1-36所示，进入到素材选择界面，在手机相册中选择一个或多个素材，视情况勾选"高清画质"选项，然后点击"添加"，即可将视频导入剪辑轨道，如图1-37和图1-38所示。

　　当我们将视频导入剪辑轨道之后，这时出现的界面就是剪映的剪辑界面。在剪辑界面中，我们可以运用各种基础工具来编辑和优化视频，下面就来详细介绍一些日常剪辑中会使用到的基础工具。

　　剪辑界面分为四个区域：顶部的帮助中心、设置和导出，上方的素材预览区，下方的剪辑轨道区以及底部的工具栏。

◆ 图1-36

◆ 图1-37

◆ 图1-38

帮助中心、设置和导出

在界面的右上角，可以看到"帮助""1080P"和"导出"，如图1-39所示。

点击"帮助"，即可进入帮助中心，如图1-40和图1-41所示。

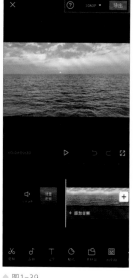

◆ 图1-39

◆ 图1-40

◆ 图1-41

点击"1080P"，即可设置视频的分辨率和帧率，如图1-42和图1-43所示。

◆ 图1-42　　　　◆ 图1-43

点击"导出"，即可将剪辑好的视频进行导出，如图1-44和图1-45所示。

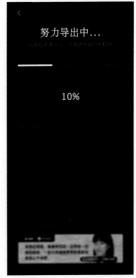

◆ 图1-44　　　　◆ 图1-45

素材预览区

素材预览区可以实时预览视频画面。素材预览区的最下方可以查看视频的播放进度和视频的总时长，如图1-46所示。

点击"播放"，即可预览视频，如图1-47所示；再点击"暂停播放"，即可停止播放视频，如图1-48所示。

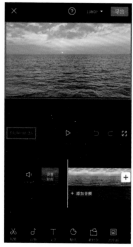

◆ 图1-46

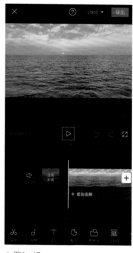

◆ 图1-47

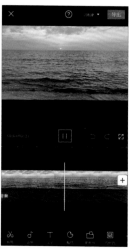

◆ 图1-48

点击"撤销"，即可撤销失误的操作，如图1-49所示；点击"恢复"，即可恢复上一步的操作，如图1-50所示。

◆ 图1-49

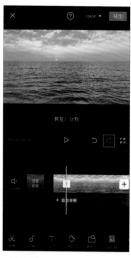

◆ 图1-50

点击"全屏显示"，即可全屏预览视频效果，如图1-51所示。

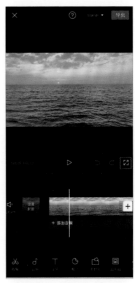

◆ 图1-51

剪辑轨道区

　　剪辑轨道区包括素材轨道、音频轨道、文本轨道、贴纸轨道、特效轨道、滤镜轨道等，主要是用来辅助各类剪辑工具进行短视频的剪辑，如图1-52所示。

　　剪辑轨道区的顶部为轨道时间线，通过滑动轨道时间线可以实现剪辑项目的预览，如图1-53所示。

◆ 图1-52

◆ 图1-53

剪辑轨道区的左侧是"关闭／开启原声"和"视频封面"。点击"关闭原声"，即可关闭所有视频的原声，如图1-54所示；再次点击"开启原声"，即可打开所有视频的原声，如图1-55所示。

◆ 图1-54

◆ 图1-55

点击"视频封面"，如图1-56所示，可以使用剪映内置的封面模板，为短视频设计封面，如图1-57和图1-58所示。

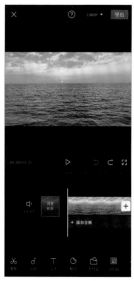

◆ 图1-56

◆ 图1-57

◆ 图1-58

　　剪辑轨道区的中间为视频、音频、文本、贴纸以及特效等素材的编辑轨道。轨道上有一条白色的时间轴竖线，它能够帮助我们定位素材的时间点，如图1-59所示。

　　音频轨道是蓝色的，如图1-60所示，文本轨道是褐色的如图1-61所示，贴纸轨道是浅橙色的，如图1-62所示，特效轨道是紫色的，如图1-63所示，滤镜轨道是靛蓝色的，如图1-64所示。你可以根据需要添加多条轨道，轨道可以任意编辑，包括轨道的时长、位置和内容等。

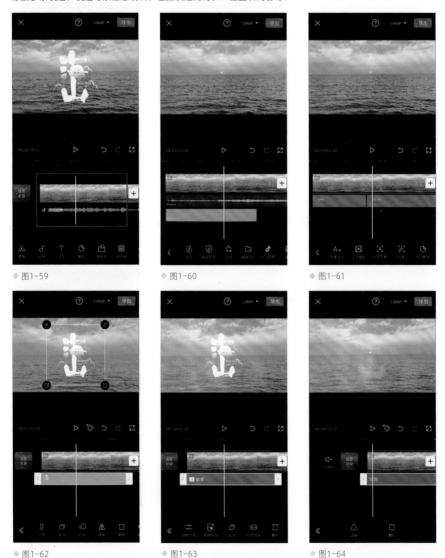

◆ 图1-59　　　　　　　　◆ 图1-60　　　　　　　　◆ 图1-61

◆ 图1-62　　　　　　　　◆ 图1-63　　　　　　　　◆ 图1-64

用一根手指放在剪辑轨道区左右拖动，可以快速预览视频的顺序和内容，如图1-65所示。

剪辑轨道区的最右侧有一个"+"，如图1-66所示。当你想要为现有视频添加新的素材时，可以点击"+"，即可进入素材添加界面，如图1-67所示。

◆ 图1-65

◆ 图1-66

◆ 图1-67

工具栏

剪辑界面最下方是一级工具栏，如图1-68所示，主要包括"剪辑""音频""文字""贴纸""素材包""画中画""特效""滤镜""比例""背景"和"调节"等工具。

点击任意一个一级工具，即可进入到二级工具栏，对素材进行进一步的调整，如图1-69所示。如果需要返回一级工具栏，可以点击"<"，即可返回，如图1-70所示。

还有一种返回一级工具栏的方法是点击"√"完成效果的制作。点击"素材包"，如图1-71所示，选择一个想要的素材包；点击"√"，如图1-72所示，即可返回到一级工具栏中，如图1-73所示。

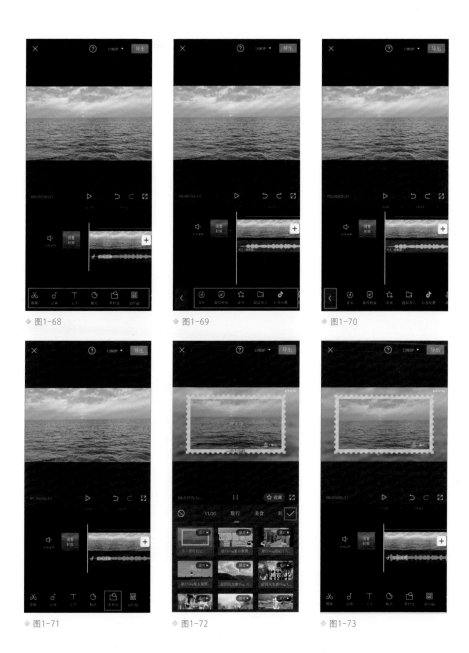

◆ 图1-68

◆ 图1-69

◆ 图1-70

◆ 图1-71

◆ 图1-72

◆ 图1-73

以上就是剪映App的基础界面介绍，熟悉了基础界面之后，我们就可以开始短视频的编辑制作了。

03 界面大不同的
剪映专业版

剪映专业版拥有清晰的操作界面和强大的面板功能，非常适合电脑端用户的操作。首先安装软件，在桌面找到"剪映"图标，如图1-74所示。双击进入剪映后，左键单击"开始创作"，如图1-75所示，进入操作界面。

◆ 图1-74

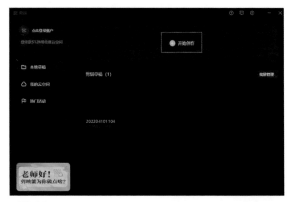

◆ 图1-75

剪映专业版的界面展现的功能非常多，操作起来也非常便捷。操作界面总共有四个区域，分别为功能区、预览窗口、素材编辑区和时间线轨道，如图1-76所示。

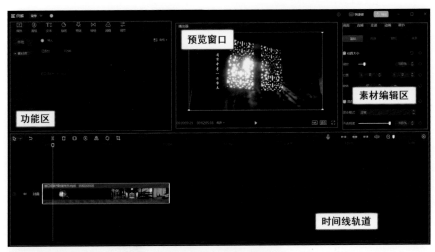

◆ 图1-76

在了解了剪映的启动界面后，我们需要对素材进行剪辑处理。素材的剪辑处理过程都是在剪映的剪辑界面完成的，下面主要介绍剪映的剪辑界面分区和功能。

菜单栏

剪映的剪辑界面如图1-77所示。

◆ 图1-77

剪辑界面可以分为菜单栏、媒体素材区、播放器区、属性调节区、时间线区5个部分。下面就每个部分进行详细的介绍。

菜单栏主要提供快捷键设置、布局调整、审阅功能和导出功能，如图1-78所示。

◆ 图1-78

快捷键更改

点击可以查看当前各种操作的快捷键设置。快捷键界面如图1-79所示。

◆ 图1-79

剪映提供了2组常用的快捷键，一组是为了适应Final Cut Pro X用户的习惯，另一组则是为了适应Adobe Premiere Pro用户的习惯。点击右上角的下拉按钮可以进行切换。另外，剪映还提供了3组自定义快捷键供我们使用。

如果快捷键和其他软件冲突，或者我们需要更改某个操作的快捷键，直接点击对应操作右侧的快捷键区域，然后按下新的快捷键即可。另外，左下角的"恢复默认值"可以一键帮我们将快捷键恢复到默认设置。更改快捷键后，我们需要点击右下角的"保存"进行保存。

布局调整

　　布局调整可以调整软件窗口的默认布局。我们可以设置媒体素材优先、播放器优先、属性调节优先和时间线优先4个选项。设置为优先的区域会变为一个独立窗口，我们可以拖动窗口的边框来调整窗口的大小。或者如图1-80所示，直接点击窗口顶端的"⋯"。

　　点击后会出现快捷操作按钮，如图1-81所示。

　　如果我们想恢复原来的窗口布局，点击"还原"即可恢复原来的布局。

◆ 图1-80

◆ 图1-81

审阅功能

　　当我们完成素材的编辑，需要提交给别人进行审阅时，可以点击"审阅"，将剪辑上传到云端发送给别人进行审阅。点击"审阅"后弹出的界面如图1-82所示。

◆ 图1-82

　　界面左下角显示了视频的时长和视频的大小。视频的大小会随着右边设置参数的改变而改变。在界面的右边我们可以更改作品的名称等。下面我们详细介绍。

　　（1）作品名称：剪映默认的作品名称是创建剪辑时的月份和日期。例如我们示例的作品是6月20日创建的，那么默认名称就是6月20日。如果我们在6月20日创建了多个剪辑，那么后来创建的剪辑的名称会变为6月20日（1）、6月20日（2），以此类推。为了更好地管理剪辑，我们可以在此处更改作品的名称。

　　（2）保存位置：我们可以将剪辑保存在"我的云空间"或者"小组的云空间"。

（3）帧率：设置审阅视频的帧率时，可以在24fps、25fps、30fps、50fps、60fps这几个选项中进行选择。如果无特殊要求，设置为默认的30fps即可。

（4）分辨率：剪映对审阅视频推荐的分辨率是720p。如果视频太大，或者占用的空间较大时，我们可以选择480p或者320p，以降低对空间的占用。

设置完成后，点击"上传审阅"，剪映就会开始进行视频的合成和上传。合成过程的界面如图1-83所示。

◆ 图1-83

上传完成后的界面如图1-84所示。

◆ 图1-84

我们可以直接点击链接，打开查看预览界面。或者点击链接右侧的复制链接按钮，将链接发送给别人。另外，我们还可以修改审阅者的权限，点击权限右侧的"修改"，弹出的界面如图1-85所示。

◆ 图1-85

　　可以在这里设置是否允许审阅者下载视频，是否允许对视频进行批注，以及是否对视频进行密码保护。如果选择了密码保护，密码保护的界面右侧会显示密码。

导出

　　"导出"可以对视频的导出参数进行选择和调整，如图1-86所示，可以修改视频的标题、选择导出视频的位置，选择合适的分辨率、码率、编码、格式、帧率；也可以单独导出音频、字幕，只要勾选复选项即可。

◆ 图1-86

媒体素材区

　　媒体素材区位于剪辑窗口的左上角，界面如图1-87所示。

◆ 图1-87

　　媒体素材区主要对我们剪辑过程中需要用到的媒体素材进行导入和管理。另外，后期视频剪辑需要的各种特效和工具也是在这里进行添加和管理的。

　　媒体素材区上方的一排图标中，"媒体""音频""文本""贴纸"这4个是可以添加到剪辑中的对象。"特效""转场""滤镜""调节"这4个是对剪辑进行各种处理的工具。"模板"是我们进行剪辑操作时可以参照的模板。

　　媒体素材区左侧是对我们选择的上方图标区域中工具和对象的分类。录入媒体素材区的默认界面是"媒体对象"界面。左侧则是媒体的分类，我们可以看到媒体被分成了："本地""云素材""素材库"和"品牌素材"4类。

　　媒体素材区的中央位置是对象和工具的浏览和管理界面。我们先介绍下媒体的浏览和管理界面。我们首次打开剪辑界面的时候，中央位置是空白的。里面有一个"导入"。点击"导入"，在弹出的界面中浏览文件夹，找到我们需要导入的素材，如图1-88所示。

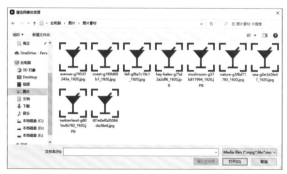

◆ 图1-88

　　我们可以选择需要的素材进行导入。导入完成后的界面如图1-89所示。

◆ 图1-89

此时"导入"会缩小并移动到了中央区的左上角。中央区的右上角多了几个管理媒体素材的图标。

1.素材查看方式选择：默认素材查看方式是按照宫格的方式排列的，我们可以点击这个按钮将素材的排列方式改为列表式。

2.素材排序按钮：点击这个按钮，可以选择对素材以导入时间、创建时间、名称、文件类型、时长中的一种进行排序。

3.素材类别筛选按钮：点击这个按钮可以对素材以类别进行筛选。分别可以按照视频、音频或者图片类别进行筛选。

4.搜索按钮：如果我们的素材比较多，可以点击这个按钮，输入素材的名称进行搜索。

当我们点击选中的素材时，播放器区会播放素材的预览。当鼠标悬停在素材上时，素材的右下角会出现一个"+"图标，如图1-90所示。我们可以点击该图标将素材添加到剪辑中。

◆ 图1-90

播放器区

播放器区是我们预览剪辑效果的窗口，没有编辑素材时，播放器的界面如图1-91所示。

◆ 图1-91

036

此时按钮都是灰色的。我们按照前文所述内容添加一个素材到剪辑中。这时播放器就会出现我们添加素材的预览画面了，如图1-92所示。

播放器的右上角菜单如图1-93所示。

1.可以选择开启或者关闭调色示波器，调色示波器默认是关闭状态，如果我们需要对图像质量进行专业化的处理，可以打开这个选项。

2.可以调整预览的质量是画质优先还是性能优先。默认选项是画质优先。如果计算机配置不高的话，可以选择性能优先。

3.导出静帧画面：可以导出当前播放的视频的单帧画面。

播放器下方正中央的"旋转"按钮用来调整画面的旋转，我们按住鼠标左键然后左右滑动即可调整画面的旋转角度。

播放器下方有两个时间显示。左侧蓝色的时间是当前播放位置的时间，同时也是后面要介绍的时间线区时间线所在位置的时间，右侧白色的时间是视频的总时长。

时间的右方是音量指示，指示当前播放的剪辑的音量。

播放器最下方正中央是"播放"和"暂停"按钮，我们可以在此处控制暂停还是播放视频。

播放器右下角还有三个按钮。"缩放"按钮：缩放剪辑的画面大小。"比例"按钮：调整视频的宽高比例。"全屏"按钮：将播放器全屏显示。

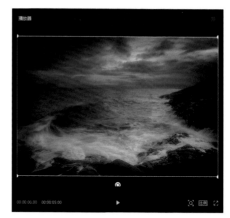

◆ 图1-92

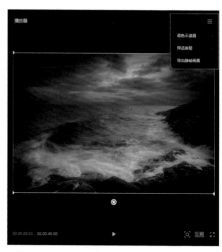

◆ 图1-93

属性调节区

　　属性调节区是用来调整草稿属性和各种参数的地方。我们刚进入剪辑界面时或者未选中任何时间线区的任何对象时，属性调节区的界面如图1-94所示。

　　界面显示了草稿的名称和保存位置等信息。可以点击下方的"修改"进行修改，在后续的章节将进行详细介绍。

◆ 图1-94

　　当我们选中时间线区内的剪辑内容时，属性调节区的显示会随着选中内容的不同而不同。例如，当我们选中视频素材时，属性调节区界面如图1-95右上角红框内所示。

◆ 图1-95

　　在此我们可以调整视频的画面、变速、动画等内容。根据选中对象的不同，属性调节的内容也不相同。我们会在后续的章节详细介绍。

时间线区

　　时间线区是我们在剪辑过程中需要频繁操作的区域之一。对于剪辑特效的添加，视频的分割等功能都在这一区域进行。我们刚进入剪辑界面时，时间线内是空白的，如图1-96所示。

◆ 图1-96

　　时间线部分的快捷按钮会随着添加的素材变化而变化。我们先向时间线内添加几个素材，来给个大家演示下时间线的界面。添加部分素材后，时间线的界面如图1-97所示。

◆ 图1-97

选择和快捷功能区

　　位于时间线区左上角的是选择和快捷功能区。点击左上角的"鼠标"图标，可以更改鼠标的选择功能，如图1-98所示。

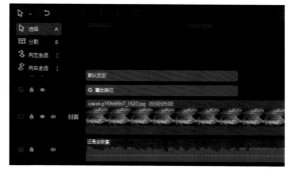

◆ 图1-98

选择：最基础的功能，点击时间线区的对象，可以选定特定的对象。

分割：选择此功能后，鼠标会变成裁剪的图标。将鼠标移动到需要对素材进行分割的位置，点击鼠标，就可以从这个位置将素材裁剪成两个部分。

向左全选：选择这个功能后，鼠标会变为两个向左并排的箭头图标。在时间线区点击鼠标左键可以选择当前位置和当前位置左侧的所有对象。

向右全选：选择这个功能后，鼠标会变为两个向右并排的箭头图标。在时间线区点击鼠标左键可以选择当前位置和当前位置右侧的所有对象。

快捷功能区的按钮会随着我们选择对象的变化而变化，有几个常用的按钮是常驻功能区的。

撤销：点击可以撤销刚才的操作，连续点击可以撤销多步操作。

恢复：是撤销的反操作。如果不小心做多了撤销的步骤，可以点击恢复。

分割：点击会在时间线位置对选中的素材进行分割。如果我们没有选择任何素材，点击会对主轨道素材进行分割。

向左裁剪：点击会将选中素材在时间线位置进行切割，并删除裁剪后左侧的部分。

向右裁剪：点击会将选中素材在时间线位置进行切割，并删除裁剪后右侧的部分。

删除：点击可以对选中的素材进行删除。

录音和其他设置区

录音：点击"录音"可以为素材进行配音。点击后出现的界面如图1-99所示。

◆ 图1-99

在弹出的界面中，点击红色圆点可以开始录音。在这里还可以对输入设备和输入音量进行设置。

主轨磁吸：选项默认是打开状态。当我们通过拖拽的形式向主轨道上插入素材时，松开鼠标，素材会自动吸附到前面一个素材的结尾位置，两个素材之间没有空隙，这就是主轨磁吸的作用。如果我们需要主轨上的素材之间留有空隙，那么我们可以关闭主轨磁吸这个选项。

自动吸附：选项默认是打开状态。当我们将两个素材移动到靠近的位置，它们就会自动吸附在一起，方便剪辑，避免出现掉帧现象。

联动：选项默认是打开状态。当我们为素材设置了特效、添加了文字效果后，移动视频素材，特效、文字和其他的轨道会和素材一起移动。关闭这个选项后，移动素材，和这个素材相关的其他素材则不会跟随这个素材一起移动。

预览轴：选项默认是关闭状态。当我们打开这个选项时，时间线区会出现一条跟随鼠标移动的黄色竖线，并且播放器窗口会显示黄线所在位置的画面预览效果，如图1-100所示。

◆ 图1-100

时间线调整缩放：点击左侧的放大镜图标可以缩小时间线，点击右侧的放大镜图标可以放大时间线。也可以拉动中间的滑块进行快速调节。

轨道控制区

轨道控制区可以对轨道进行锁定等开关操作，界面如图1-101所示。

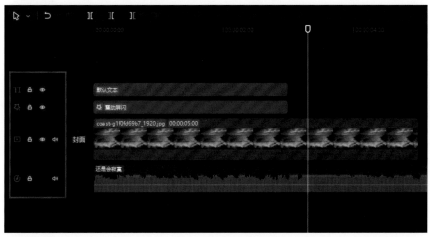

◆ 图1-101

轨道类型：最左侧图标标识轨道的类型。剪映用不同的图标来标识文字轨道、特效轨道、视频轨道和音频轨道等。

锁定轨道：点击锁形图标，可以锁定当前的轨道，锁定后的轨道无法进行任何操作。

隐藏轨道：点击眼睛图标，可以隐藏或显示当前的轨道。当我们进行多个图层操作时，隐藏不必要的轨道，可以减少干扰。

关闭原声：如果我们的素材轨道里有声音或者是声音轨道，可以点击扬声器图标来关闭原声。

轨道区

轨道区主要是添加各种素材和特效的轨道区域。

时间轴：区域最上方是时间轴，是我们做剪辑时，在调整和选择时间的重要参考。

时间线：时间线区的白色竖线，是时间线区的重要标志，各种视频剪辑的操作都是基于时间线来进行的。

主轨道：时间线区位于封面图标右侧的轨道，如图1-102所示。

◆ 图1-102

我们添加的第一个素材默认就添加在主轨道上。

至此，剪映专业版的剪辑界面我们就简要地介绍完成了。在后续的章节中，我们将继续介绍剪映专业版的进阶操作。

04 零基础小白 快速出片的方法

简单的"一键成片"功能

一键成片可以说是懒人神器，我们可以直接把想要制作成视频的素材选中，利用一键成片功能生成最终的成品。下面简要介绍下如何操作。

首先我们需要点击首页的"一键成片"，如图1-103所示。然后在弹出的素材选择界面中选择素材。点击素材右上角的小圆圈，就可以选中要生成视频的素材。为了让素材之间的画面过渡以及视频的效果更好，最好选择3段或3段以上的素材。

素材的顺序是按照我们选择的顺序来排序的，小圆圈内的数字表示素材拼接的顺序，如图1-104所示。我们可以根据需要来依次选择要拼接的视频。

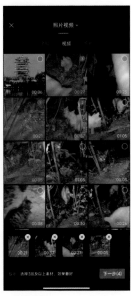

◆ 图1-103　　　　◆ 图1-104

如果取消勾选排在中间的素材，后面素材的序号会自动向前调整。确定了素材和它们的顺序之后，点击界面右下角的"下一步"。

此时剪映会开始进行素材的处理，经过一段时间后，视频就处理好了。这个时候我们就可以直接将处理好的视频导出。如果对App选择的模板不满意，也可以在视频下方根据自己的喜好选择对应的模板，如图1-105所示。

◆ 图1-105

选中模板后，模板会被红框选中，并且红框中会出现"点击编辑"字样。这时候点击红框对最终效果进行简单的编辑。点击红框后出现的界面如图1-106所示。

此时可以长按图标，然后拖动调整视频素材的顺序。或者再次点击红框内的"点击编辑"图标，调整选中的视频素材的内容，如图1-107所示。

◆ 图1-106

◆ 图1-107

在这个界面可以对视频进行替换、裁剪、调整音量和美颜以及更复杂的操作。调整完成后就可以导出视频。

点击屏幕右上角的"导出"，我们可以对导出的选项进行调整，如图1-108所示

◆ 图1-108

此时点击"1080p"，可以设置视频导出的分辨率，如图1-109所示。可以拖动上方滑块选择视频的分辨率，界面下方显示文件的大小。分辨率越高，视频越清晰，相应的文件体积就越大。根据自己的喜好来选择分辨率即可。选择完成后点击"完成"即可。

　　设置完分辨率后，可以直接点击左侧的"保存"图标，将视频保存到手机上。或者点击"无水印保存并分享"，将视频发布到自己的抖音账号里面，如图1-110所示。

◆ 图1-109

◆ 图1-110

神奇的AI玩法

　　在剪同款的界面中，可以看到有不同"同款剪辑"的分组，有"关注""推荐""元旦""AI玩法"等，这里我们点开"AI玩法"，如图1-111所示。

◆ 图1-111

046

选择一款你喜欢的效果，这里只要我们添加一张带有正脸的照片，选择效果后，人脸便可经过AI的处理替换到模板图片中，这里选择"一键解锁AI簪花特效"，如图1-112所示，点击后会出现该效果的预览，点击右下角的"剪同款"，如图1-113所示。

◆ 图1-112

◆ 图1-113

然后选择添加一张有人物完整正脸的照片，点击"下一步"，如图1-114所示

可以看到已经合成成功了，我们添加的人物的面部被AI处理到了模板照片中，并且非常自然，如果觉得效果满意就可以点击右上角的"导出"，如图1-115所示。

◆ 图1-114

◆ 图1-115

方便的"图文成片"功能

想做视频却只有文案，找不到合适的素材，这时我们可以使用剪映的"图文成片"功能。

点击屏幕上方的"图文成片"图标，如图1-116所示。

接下来，在弹出的界面中输入文案，如图1-117所示。可以手动输入或者直接粘贴外面编辑好的文字。

◆ 图1-116

◆ 图1-117

如果我们在今日头条App内发现比较好的文章，也可以在今日头条App内复制文章的链接，此时可以直接点击文字输入框下方的"粘贴链接"，如图1-118所示。

◆ 图1-118

在弹出的对话框中粘贴我们在今日头条App内复制的链接，然后点击"获取文字内容"，如图1-119所示。

◆ 图1-119

此时剪映App会自动获取链接中的文字内容，以代替我们手动输入内容。

接下来以朱自清的文章《春》中的一段文字来演示下"图文成片"功能。输入完文字后，我们点击下方的"生成视频"，如图1-120所示。

◆ 图1-120

等待一段时间后，剪映App就为我们生成了一段带文字解说的视频，如图1-121所示。

此时点击右上角的"导出"，就可以将生成的视频导出了。生成的图文草稿会保存在剪映App的本地草稿中，方便我们日后进行进一步的剪辑。系统自动生成的视频一般质量不会很高，如果我们需要更高质量的视频，还需要自己准备合适的素材进行剪辑。

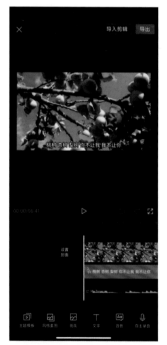

◆ 图1-121

掌握剪映App、剪映专业版的基础功能

剪映App是一款功能强大的手机视频剪辑软件,具有简单易用、操作便捷的特点,适合初学者使用,而剪映专业版则在剪映App的基础上增加了更多功能,可以满足用户更精细化的需求。本章将讲解这些基础功能,为读者的创作提供更多可能性。

01 添加素材

剪映App添加素材的基本方法

　　如果我们之前已经拍摄了很多素材，下一步需要进行剪辑，我们可以点击"开始创作"，来进行素材的添加，如图2-1所示

◆ 图2-1

　　点击"开始创作"后会出现如图2-2所示的界面。

　　点击屏幕上方的标签可以选择导入素材的来源，素材的来源分别是：照片视频、剪映云和素材库。

　　照片视频对应的是本机上存储的文件，可以按照照片和视频的分类进行筛选。

　　剪映云是我们上传到剪映云的文件。

　　素材库是剪映App官方提供的一些素材，我们在一些短视频中经常见到的过场动画就可以在素材库里面找到。

◆ 图2-2

剪映专业版添加素材的基本方法

点击"开始创作"，来进行素材的添加，如图2-3所示

◆ 图2-3

这时会出现如图2-4所示的剪辑界面。

◆ 图2-4

屏幕左上方的媒体素材区可以从本地、云素材、素材库里选择。如果我们在审阅里创建了小组，下方还会出现一个"品牌素材"的选项，如图2-5所示。

◆ 图2-5

下面分类别给大家介绍。

导入本地素材

剪映默认的界面就是导入本地素材这个选项。点击主界面中的"导入"，就会弹出浏览窗口，我们打开素材所在的文件夹，如图2-6所示。

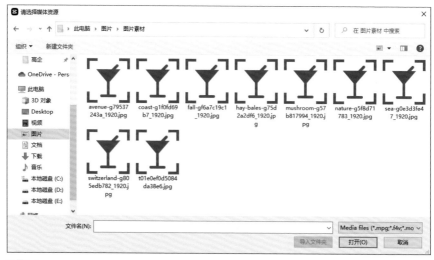

◆ 图2-6

选中单个素材可以导入单个素材，选中多个素材可以一次导入多个素材。我们可以导入的本地素材类型有图片素材、音频素材和视频素材3种。导入素材后，素材只是显示在媒体素材区，我们还需要点击素材右下角的"+"，将素材添加到时间线区。

导入云素材

导入云素材，就是导入我们上传到剪映云空间的素材。在导入之前，我们需要先上传素材到我们的剪映云空间。打开剪映，点击"我的云空间"，如图2-7所示。

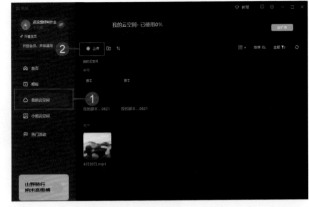

◆ 图2-7

然后我们点击"上传"，在弹出的界面选择"上传素材"，如图2-8所示。

◆ 图2-8

在弹出的浏览窗口选择我们要上传的素材，然后点击"打开"，如图2-9所示。

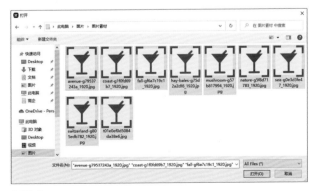

◆ 图2-9

稍等一会儿，剪映就会完成素材的上传，我们可以在我的剪映云里面看到这些素材，如图2-10所示。

◆ 图2-10

上传完成后，点击首页，然后点击"开始创作"，进入剪辑界面。然后点击媒体素材窗口左侧的"云素材"标签，就可以看到我们之前上传的素材，如图2-11所示。

◆ 图2-11

我们可以选中需要的素材，等待剪映下载完成，点击图片右下角的"+"就可以导入到我们的剪辑中了。

导入素材库素材

本地素材和云素材都是需要我们自己准备的素材。此外，剪映专业版还提供了许多官方的素材供我们使用。点击媒体素材区左侧的"素材库"标签，如图2-12所示。

由于素材非常多，剪映专业版还对素材库内容进行了分类，点击素材库左侧的小三角形，可以展开素材的分类。展开后的分类列表如图2-13所示。

◆ 图2-12

◆ 图2-13

另外，剪映专业版还非常贴心地在相关节日或者热门事件时提供限时的分类素材。如上图中的"端午节"分类。如果我们想更详细地查找，还可以点击上方的搜索框，在搜索框中输入关键词来找到相关的素材。

此外，我们还可以将常用的素材进行收藏。当鼠标处于素材的上方时，素材右下角会出现一个五角形标志，如图2-14所示。

点击这个五角形后，它会变成黄色的实心。分类里也会多一个收藏标签。以后我们点击"收藏"标签就可以查看收藏的素材。

◆ 图2-14

02 剪映 App 轨道的编辑方法

调整素材的顺序

我们可以点击列表中素材右上方的小圆圈来进行素材的选择。选中后的素材圆圈内会显示一个数字，这个数字是我们点击素材的顺序，也是导入剪辑界面后素材在剪辑轨道内的顺序，如图2-15所示。

素材的取消选择：如果我们想取消选择某个素材，只需要再次点击对应视频右上角小圆圈即可。此时后面的视频顺序会依次前移。当然我们也可以点击屏幕下方视频列表右上角的"×"图标来取消选择。

调整素材的顺序：我们可以按住并拖动屏幕下方已选择视频列表里面的素材，将其拖动到需要的地方再松手，就可以调整素材的顺序了。此时，素材列表里对应的视频右上角圆圈内的序号会同步变更。

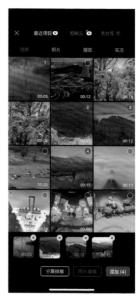

◆ 图2-15

调节视频片段的时长

在剪映App中，导入剪辑中的图片素材默认的播放时间是视频时长。如果我们需要调整图片播放的时间，可以直接在素材轨道中选择图片素材，然后拖动素材右侧的边框来调整图片素材的播放时间，如图2-16所示。

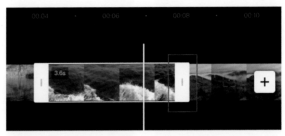

◆ 图2-16

调整效果的覆盖范围

首先添加效果，这里以特效为例，点击特效，如图2-17所示。选择"画面特效"，如图2-18所示，有人物的时候可以选择人物特效，后续对特效会进行详细讲解。

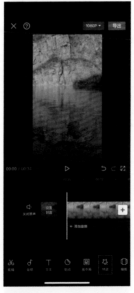

◆ 图2-17

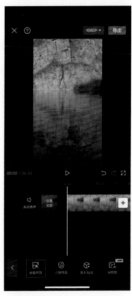

◆ 图2-18

选择"基础"分组中的"彩噪画质"，如图2-19所示。这样轨道中就会出现一段"彩噪画质"的特效，如图2-20所示。

拖动特效右侧的边框来调整效果的覆盖时间，如图2-21所示。

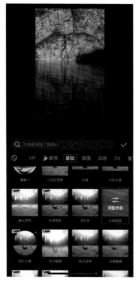

◆ 图2-19

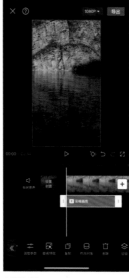

◆ 图2-20

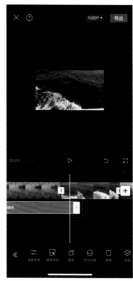

◆ 图2-21

让一段视频包含多种效果

接上例，如果想让一段视频包含多种效果，可以继续点击"画面特效"，如图2-22所示。在"基础"分组中选择"变焦推镜"，然后点击"√"，如图2-23所示。

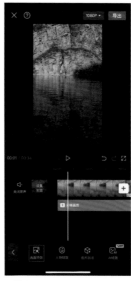

◆ 图2-22

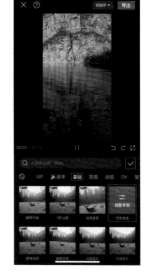

◆ 图2-23

可以看到又多出来一个特效轨道，此时一个视频就包含了多种效果，如图2-24所示。

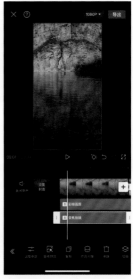

◆ 图2-24

03 剪映专业版 轨道的编辑方法

调整素材顺序

当我们选择的素材大于等于2个时，如果在添加到时间线区的时候没有进行排序，或者后续素材的顺序需要调整，例如我们想将时间线区的第4段素材调整到前面，如图2-25所示。

◆ 图2-25

在第4段素材处按下鼠标左键不要松开，然后移动鼠标拖动第4段素材向左移动，当移动到前面第1、2段素材的中间时，两段素材的空隙会变大，如图2-26所示。

◆ 图2-26

此时我们松开鼠标左键，第4段素材就会被放置在此处。

调整视频时长

我们导入剪辑中的图片素材默认播放时间是5秒。如果我们需要调整图片播放的时间，可以直接在素材轨道中选择图片素材，等鼠标变为如图2-27所示的样式后，按住鼠标左键左右拖动即可调整图片素材的时间，如图2-28所示。

◆ 图2-27

◆ 图2-28

调整效果覆盖范围

　　以特效为例，演示如何调整效果覆盖的范围。首先添加一种特效效果，点击"特效"，展开画面特效，打开"基础"分组，如图2-29所示。

　　点击"变焦推镜"，可以看到播放器面板中进行了该特效的预览，如图2-30所示。

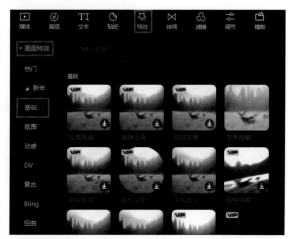

◆ 图2-29

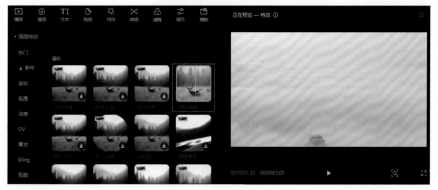

◆ 图2-30

将鼠标移到该特效图标上，图标右下角会出现一个"+"，点击便可将该特效添加到轨道中，如图2-31和图2-32所示。

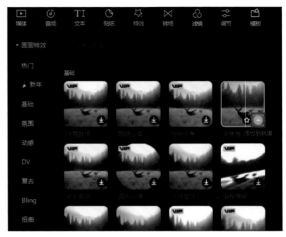

◆ 图2-31

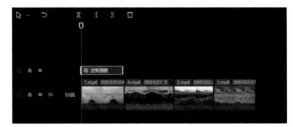

◆ 图2-32

直接在特效轨道中选中特效，等鼠标变为如图2-33所示的样式。

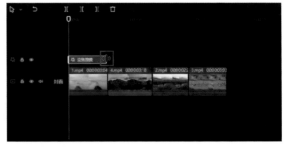

◆ 图2-33

按住鼠标左键左右拖动即可
调整特效的覆盖范围，如图2-34
所示。

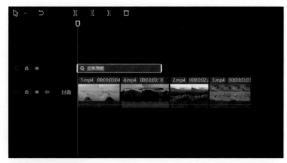

◆ 图2-34

04 "分割"和"删除"功能
让视频剪辑更灵活

在剪映App中利用"分割"和"删除"功能截取精彩片段

如果需要将视频素材不需要的片段删除，
或者根据需要分成几部分来调整顺序，就需要
将视频切割分段处理。

首先拖动视频轨道，使时间轴竖线处在我
们需要分割视频的位置，然后点击屏幕下方的
"剪辑"，如图2-35所示。

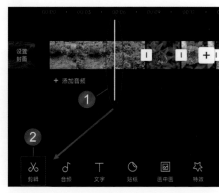

◆ 图2-35

在弹出的菜单中，点击"分割"，如
图2-36所示。

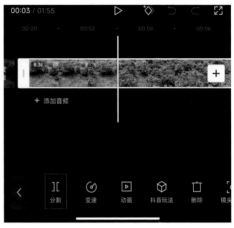

◆ 图2-36

此时视频素材会在时间轴所在处被分成
两个部分，如图2-37所示。

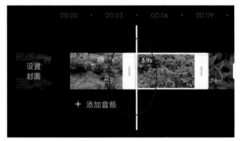

◆ 图2-37

选中不需要的视频素材，然后点击下方
的"删除"，如图2-38所示。

如果我们要删除的片段位于素材的中
间，需要对视频片段做二次分割处理，直到
我们要删除的片段变成一段独立的素材，再
选中进行删除即可。

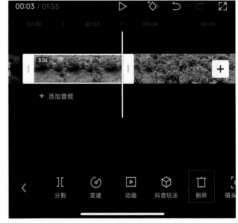

◆ 图2-38

剪映专业版中"分割"和"删除"功能的使用方法

在剪映专业版中，如果需要将素材不需要的片段删除或者需要将素材分成几部分来调整顺序，需要先将视频进行分割处理。

首先拖动时间线，使时间线处在我们需要分割的位置，如图2-39所示。

◆ 图2-39

选中需要分割的素材，然后点击时间线区工具栏上的"分割"，选中的素材会在此处被分成两个部分，如图2-40所示。

◆ 图2-40

选中不需要的素材，然后点击时间线区工具栏上的"删除"，如图2-41所示。

◆ 图2-41

如果我们要删除的片段位于素材的中间，此时需要对视频片段做二次分割处理，直到我们要删除的片段变成一段独立的素材，这时候就可以选中进行删除了。

05 使用"替换"功能
一键更换老旧素材

替换功能可以将所需要的视频片段替换掉原素材中不需要的片段，以达到想要的视频效果。

首先在剪映App中导入视频素材，将素材加入到轨道中。然后拖动时间轴进行截取分割，裁剪出不需要的视频片段，如图2-42所示。

在左上角的功能区单击选中所需替换的素材，将该素材长按拖曳至替换处，即可进行替换，如图2-43所示。

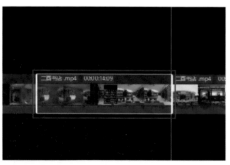

◆ 图2-42

◆ 图2-43

在正式替换前，会弹出预览窗口，可以进行提前预览确认，并且可以拖动进度条将替换视频的片段选在合适的位置。如果替换的视频长度较长，会自动进行裁剪，使替换片段与被替换删除的视频片段长度一致，如图2-44所示。

单击"替换片段"即可进行替换，如果原视频有特殊效果，如倒放，勾选图2-44左下角的"复用原视频效果"，即可让替换片段继承原片段的视频效果，如图2-45所示。

◆ 图2-44

◆ 图2-45

06 设置符合画面内容的视频比例

在剪映App中调整画幅比例的方法

首先根据需要设置一下输出视频的宽高比。剪辑视频的宽高比默认是根据导入的第一个视频素材的宽高比来确定的。向左滑动屏幕下方工具栏，然后点击屏幕下方工具栏中的"比例"，就可以改变视频的宽高比了，如图2-46所示。

◆ 图2-46

点击比例后弹出的界面如图2-47所示。

下面介绍常见的比例选项。

◆ 图2-47

原始：导入剪辑的原始比例，剪映是根据导入剪辑的第一个素材的比例确定原始比例的。

9∶16：短视频常用的比例，适合手机或平板竖屏播放。常用的App，比如抖音、快手上大部分视频都是这个比例。

16∶9：长视频常用的比例，适合手机或者平板横屏播放。西瓜、爱奇艺、腾讯视频上的电视剧或电影等常用这个比例。

1∶1、4∶3、3∶4：这几个比例不常见，1∶1主要使用在小红书、豆瓣等App上。4∶3和3∶4是16∶9的比例普及之前，电视节目常用的视频比例，现在这个比例多用于生成怀旧感的视频。

2.35∶1和1.85∶1：这两个比例是之前电影常用的宽高比，使用这个宽高比导出的视频可以给人一种影片化的感觉。

在剪映专业版中调整画幅比例的方法

首先我们根据需要设置一下输出视频的宽高比。剪辑视频的宽高比默认是根据导入的第一个素材的宽高比来确定的。点击时间线区的空白处，取消对时间线区素材的选择，此时属性调节区的界面如图2-48所示。

◆ 图2-48

点击右下角的"修改"，就会弹出草稿设置界面。然后在草稿设置界面点击"比例"右侧的下拉框，如图2-49所示。

点击后弹出的比例选择界面如图2-50所示。

◆ 图2-49　　　　　　◆ 图2-50

剪映专业版中的智能转比例功能

剪映专业版中还有一个智能转比例功能，该功能可以帮你快速实现横竖屏转换。打开剪映专业版，在首页点击开始创作下方的"智能转比例"，如图2-51所示。

◆ 图2-51

点击"+"导入一段人物不在画面中间的视频，如图2-52所示，此时默认为"适应"比例，如图2-53所示。

◆ 图2-52

◆ 图2-53

选择1:1比例，可以看到此时人物已被放在画面中央，如图2-54所示。

◆ 图2-54

若想改为竖版视频，可以选择9：16或5：8，这里选择9：16，可以看到视频变为竖版且人物在画面中央，如图2-55所示。

◆ 图2-55

该功能为会员功能，若想导出视频，点击右下方的"开通会员并导出"即可导出。

07 对视频画面进行 二次构图的"编辑"功能

在剪映App中调整画面

双指缩放裁切

选中视频素材片段后，预览图上视频周边后出现红框，如图2-56所示。

此时我们可以用双指操作缩放来改变画面的大小。拉大画面后，溢出画框外的部分将不会被显示；缩小画面后，空出的部分会被黑色背景填充。如果此时我们选择了画布，则空出的部分会被画布填充。

◆ 图2-56

菜单操作裁切

选中素材，然后在屏幕下方
的工具栏中，点击"编辑"，如
图2-57所示。

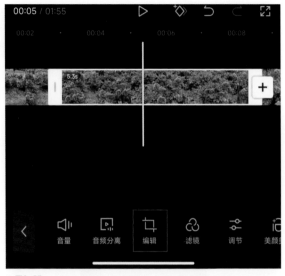

◆ 图2-57

点击"旋转"，如图2-58
所示。

◆ 图2-58

此时画面会旋转90°，同时预览框上方会短时出现90°标识，重复按此图标，旋转角度会在90°、
180°、270°和0°之间切换。

如果需要其他的角度，我们可以双指放在屏幕的两侧，然后手动来旋转素材。素材开始转动时，手机
会有震动提示。屏幕上会实时显示旋转的度数。当转动到90°、180°、270°和0°的时候，手机也会有
震动的提示。

点击"镜像"，如图2-59
所示。

此时画面会以中轴做一个
镜像翻转的操作。如果用手机
的前置摄像头拍摄的人像效果

◆ 图2-59

和人站在镜子前的效果不一致，我们可以使用这个功能来使它们保持一致。

点击"裁剪"，如图2-60所示。

◆ 图2-60

屏幕上会显示一个白线围成的九宫格，如图2-61所示。

可以调整九宫格来裁切图像。此时可以双指缩放画面来调整裁切的部分。或者可以单手拖动位于九宫格四个角和四条边上的控制条来进行调整。当九宫格小于图像时，我们可以拖动图像来调整要裁切的部分。

裁剪框下方是裁剪工具栏，如图2-62所示。

◆ 图2-61

◆ 图2-62

我们可以通过拖动工具栏上方的时间轴来预览裁切后画面，时间轴下方是倾斜角度调整按钮，拖动红色竖线可以在-45°和45°之间调整旋转的度数。旋转时，系统会自动将画面放大以避免裁剪过程中黑边的出现。

工具栏最下方是裁剪比例选择栏，默认为自由裁剪，可以随意调整裁剪的比例，高度和宽度都可以调整。其他选项则提供固定比例来进行裁切。剪映预置了许多比例供我们选择。使用预置的比例来裁切时，我们只能调整裁切框的大小，无法调整裁剪框的宽高比。

裁剪完成后，可以点击右下角"√"来确认裁切结果。如果不满意，可以点击"重置"来撤销裁切的操作。

剪映专业版中"编辑"功能的使用方法

在播放器界面进行操作

将时间线移动到要调整素材的位置，选中素材片段，这时播放器上视频画面后出现白色边框，如图2-63所示。

此时我们可以通过拖动边框的四角来改变画面的大小。拉大画面后，溢出画框外的部分将不会被显示；缩小画面后，空出的部分会被黑色背景填充。

当我们缩小画面的大小后，图像下方会出现一个"旋转"按钮，如图2-64所示。

◆ 图2-63

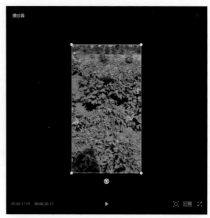

◆ 图2-64

点击并拖动"旋转"按钮，可以对画面进行旋转，如图2-65所示。

播放器界面上方会显示旋转的度数。当旋转到90°、180°、270°时，旋转界面会有一个短暂的停顿，方便我们进行旋转。

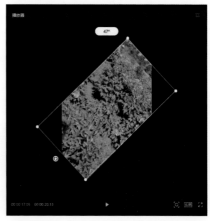

◆ 图2-65

在属性调节区操作

我们也可以在属性调节区对画面进行缩放裁切和旋转。选中素材后，属性调节区会出现画面的调整选项，如图2-66所示。

我们可以直接拖动"缩放"滑块来调整画面的大小，或者在"滑块"右侧的数值栏内输入数值，然后按回车键来调整画面的大小。

我们在旋转项目右侧的数值框内输入需要旋转的角度，然后按回车键就可以进行旋转的调整。此外，我们也可以拖动"旋转"右侧的圆形图标，来进行画面的旋转。

◆ 图2-66

在时间线区操作

时间线区的快捷按钮也可以进行素材画面的缩放和旋转操作。此外，时间线区还额外提供了一个镜像的工具。

选中需要调整的素材，时间线区就会出现对应的快捷工具，如图2-67所示。

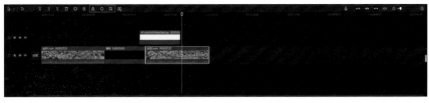

◆ 图2-67

点击时间线区快捷工具栏中的"旋转"图标，如图2-68所示。此时画面会旋转90°，同时预览框上方会短时出现90°标识，重复按此图标，旋转角度会在90°、180°、270°和360°之间切换。

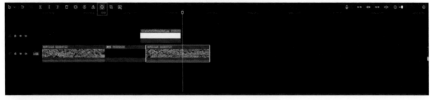

◆ 图2-68

点击时间线区快捷工具栏中的"镜像"图标，如图2-69所示。

◆ 图2-69

此时画面会以中轴做一个镜像翻转的操作。如果用手机的前置摄像头拍摄的人像效果和人站在镜子前的效果不一致，我们可以使用这个功能来使它们保持一致。

点击时间线区快捷工具栏中的"裁剪"图标后，如图2-70所示。

◆ 图2-70

屏幕上会弹出裁剪图像的窗口，如图2-71所示。

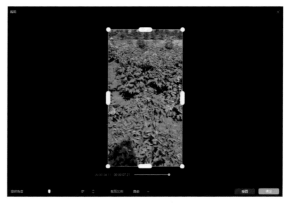

◆ 图2-71

拖动图像四周的调节点来进行画面的裁剪。

可以通过拖动界面下方旋转角度右侧的滑块来对画面进行旋转。点击"裁剪比例"右侧的下拉框，可以调整裁剪框的比例，如图2-72所示。

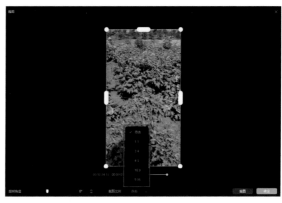

◆ 图2-72

裁剪窗口最下方"裁剪比例"的选择栏，默认为"自由"裁剪，可以随意调整裁剪的比例，高度、宽度都可以调整。其他选项则提供固定比例来进行裁切。剪映预置了许多比例供我们选择。使用预置的比例来裁切时，我们只能调整裁切框的大小，无法调整裁剪框的宽高比。

裁剪完成后，可以点击右下角的"确定"来确认裁切结果。如果不满意，可以点击"重置"来撤销裁切的操作。

08 可以使时光倒流的"倒放"功能

剪映中的"倒放"功能会改变视频的播放顺序，让视频从后往前播放，有时光倒流之感，更添趣味性。

剪映App中的"倒放"功能

点击底部工具栏中的"倒放"，可以将选中的视频素材进行倒放处理，如图2-73和图2-74所示。

◆ 图2-73

◆ 图2-74

剪映专业版中的"倒放"功能

使用"倒放"功能时，轨道上首先要存在一个视频素材，单击选择视频素材，如果视频素材自带音频，建议将音频单独分离出一个轨道，如图2-75和图2-76所示。

◆ 图2-75

◆ 图2-76

"倒放"功能在使用时也会将视频自带的音频倒放，影响视频观感，如图2-77所示，可以明显看出与图2-75、图2-76的音频不同。

◆ 图2-77

09 剪映 App 中
视频的黑边处理

如果录制的视频素材分辨率过低或者宽高比不一致，在同一个剪辑里面编辑就会出现黑边现象，如图2-78所示。

◆ 图2-78

　　如图所示，我们当时拍摄的是9∶16的视频素材，但剪辑时选择的是16∶9的比例，因此两侧出现了黑边现象。这时一般有两种处理办法，下面详细介绍下。

　　第一种办法是缩放视频素材来填充整个画面。点击屏幕下方的"剪辑"，此时素材会被红框框住，如图2-79所示。

◆ 图2-79

　　此时我们可以用双手缩放被框住的部分，使图像填充满预览区域，如图2-80所示。

　　这样做的缺点是如果原始素材不够清晰的话，放大后的清晰度会继续下降，影响最终成品的效果。

◆ 图2-80

第二种办法是添加背景来替换黑边。向左拖动屏幕下方的剪辑图标栏，可以查看剪映提供的更多的剪辑功能图标，然后点击"背景"，如图2-81所示。

此时会弹出如图2-82所示的界面。

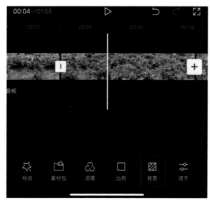

◆ 图2-81

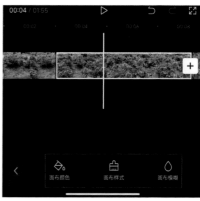

◆ 图2-82

剪映提供了"画布颜色""画布样式""画布模糊"3个选项。下面我们逐一介绍。

画布颜色

点击"画布颜色"会出现如图2-83所示的界面。

有3种方法来设置画布的颜色。

直接在右侧的色块处选择需要的颜色。

点击彩色方块，会出现更加丰富的色彩选择界面，如图2-84所示。我们可以拖动下方的滑块来选择颜色所在的区间，然后在上方的颜色选择框内选择需要的颜色。选择完成后需要点击右下角的"√"来确认我们的选择。

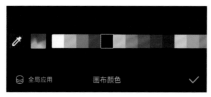

◆ 图2-83

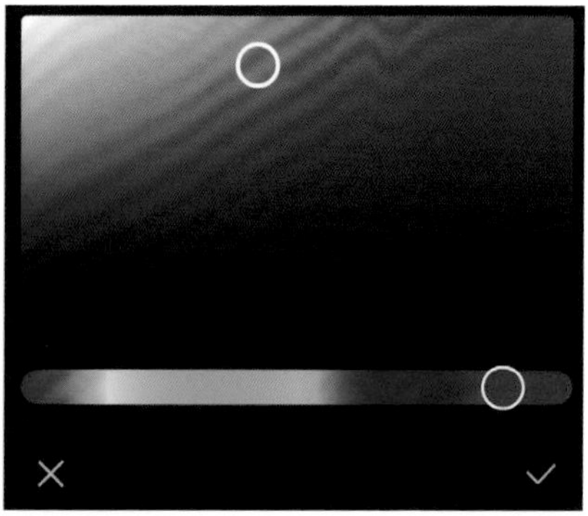

◆ 图2-84

取色器选色。我们可以点击最左侧的"吸管"图标，此时预览区会出现一个取色用的圆环，如图2-85所示。

移动圆环位置可以在视频素材的画面中选择我们需要的颜色，背景的颜色会根据圆环的移动实时变化，方便我们预览画布的效果。

如果有多个需要画布的视频素材片段，可以点击下方的"全局应用"来将所选的画布应用到全部的素材中。

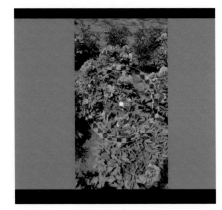

◆ 图2-85

画布样式

画布颜色只是纯色的填充背景，当我们需要图案更加丰富的背景时，可以通过"画布样式"来选择更加丰富多彩的背景。点击"画布样式"，会出现如图2-86所示的界面。

点击下方的画布样式缩略图可以选择剪映预置的画布样式。另外也可以点击预置样式左侧的图片标志来选择自己手机上存储的图片作为视频素材背景的画布样式。如果不需要设置画布样式了，也可以点击最左侧的"⊘"来删除所有的画布样式。

画布模糊

如果没有合适的颜色和画布样式来用作背景，我们也可以直接用"画布模糊"来设置视频素材的背景。点击"画布模糊"后，可以看到如图2-87所示的界面。

◆ 图2-86

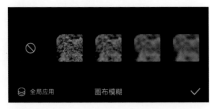

◆ 图2-87

画布模糊的程度由轻到重共4个级别供我们选择。我们在抖音观看视频的时候也经常可以看到应用画布模糊的视频。

掌握剪映App、剪映专业版的进阶使用方法

　　剪映 App 和剪映专业版因其简单易用和功能强大而备受青睐。但是，对于想要更深入了解这些工具的人来说，仅仅掌握基础操作是不够的。本章将为你揭示剪映App 和剪映专业版的进阶使用方法，帮助你更好地创作出令人惊叹的视频作品。

01 使用"变速"功能 让视频张弛有度

有时候我们需要对视频进行快进或者慢速播放处理。比如记录植物生长过程的素材，就需要进行快进处理；而比较激烈的体育比赛的视频或者转瞬即逝的烟花视频，可以进行慢动作效果处理。剪映App提供的变速功能就可以很好地解决以上问题。

选中需要变速的视频素材，然后点击屏幕下方的"变速"，如图3-1所示。

此时出现两个变速功能的选项，"常规变速"和"曲线变速"，如图3-2所示。

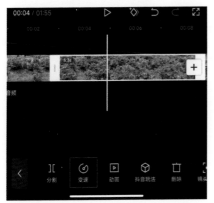

◆ 图3-1

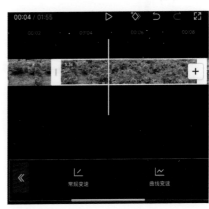

◆ 图3-2

常规变速

常规变速是指选中的视频素材片段按照设定的变速一直从头播放到尾，中间的播放速度不会变化。

点击"常规变速"，会出现如图3-3所示的界面。

常规变速的速度可以从0.1倍速到100倍速之间选择。调整变速后，工具栏左上方会显示视频时间的变化。如果我们将变速调到1倍以下的时候，如果不做任何处理，此时的视频画面将会显得卡顿。这时剪映的"智能补帧"选项将会开启，如图3-4所示

◆ 图3-3

◆ 图3-4

勾选"智能补帧"选项后，剪映会自动计算合适的中间帧来补足缺失的画面，用来对变速的视频效果进行优化。受限于拍摄视频素材的帧率，一般建议不要将变速调整到0.5倍以下，否则变速后的视频会变得卡顿。如果需要取消变速的效果，点击屏幕左下角的"重置"，然后再点击右下角的"√"即可。

曲线变速

如果需要在视频素材内部实现不同的变速，可以使用剪映提供的"曲线变速"功能。点击"曲线变速"，可以看到如图3-5所示的界面。

剪映提供了预置的"蒙太奇""英雄时刻""子弹时间""跳接""闪进""闪出"这几个选项，我们可以直接运用，也可以对预置的效果运用后进行调整。点击"自定"，还可以进行自定义变速。点击"自定"后，出现的界面如图3-6所示

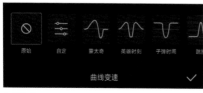

◆ 图3-5

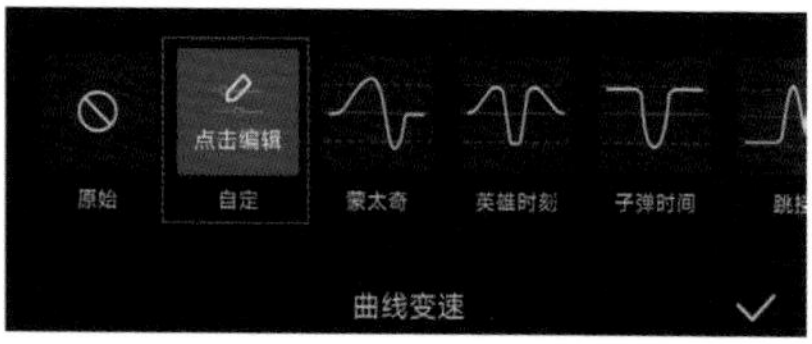

◆ 图3-6

此时按钮背景会变红，并出现"点击编辑"字样。我们再次点击一下这个图标，就会进入变速编辑界面，如图3-7所示。

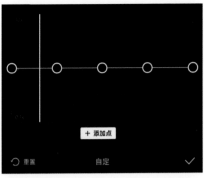

◆ 图3-7

屏幕上默认有5个控制点。控制变速从0.1倍速到10倍速。如果我们需要添加控制点，可以在需要添加控制点的位置，点击屏幕下方的"添加点"。剪映没有限制控制点的数量，我们可以根据自己的需要进行添加。如果我们不需要很多的控制点，可以将不需要的控制点删除。移动时间轴到需要删除的控制点，然后点击下方的"删除点"，就可以删除掉多余的控制点，如图3-8所示。

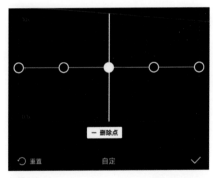

◆ 图3-8

同常规变速一样，曲线变速中如果出现了小于1的倍速，可以勾选"智能补帧"功能，来使得视频更加流畅。

02 剪映专业版中 "变速" 功能的使用方法

首先导入我们示例中的视频素材，将它添加到剪辑中。选中这段素材，然后点击属性调节窗口中的"变速"，如图3-9所示。

变速功能有两个选项，分别是"常规变速"和"曲线变速"。

◈ 图3-9

常规变速

常规变速是指选中的视频素材片段按照设定的变速一直从头播放到尾。中间的播放速度不会变化。剪映专业版的默认变速选项就在常规变速标签页。

常规变速的速度可以从0.1倍速到100倍速播放之间选择。我们可以通过多种方法来调整变速。

我们可以通过拖动变速轴上面的滑块来调整变速。向左拖动滑块，视频速度降低；向右拖动滑块，视频速度提高。

也可以点击倍数数值右侧的向上或者向下的箭头来调整视频的倍速。在10倍速以下时，点击一次可以调整0.1倍速；在10倍速以上时，点击一次调整1倍速。我们可以按住箭头不放，来连续调整视频的倍速。此外，我们还可以在倍数显示窗口直接输入倍数的数值来调整倍速。

我们还可以点击时长右侧的箭头，通过调整时长来调整视频的倍速。调整时长后，视频的倍速会自动进行调整。

将变速调到1倍以下时，如果不做任何处理，此时的视频画面将会显得卡顿。这个时候剪映的"智能补帧"选项将会开启，如图3-10所示

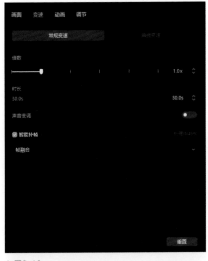

◆ 图3-10

勾选"智能补帧"选项后，剪映专业版会自动计算合适的中间帧来补足缺失的画面，对变速的视频效果进行优化。

剪映专业版提供了两种智能补帧的算法。我们点击右侧的下拉按钮可以进行选择，如图3-11所示。

◆ 图3-11

两种方法分别是"帧融合法"和"光流法"。"帧融合法"速度快，但是效果没有"光流法"好，适合配置较差的机器。"光流法"耗时较长，但是补帧效果更好，适合配置较高的机器。

受限于拍摄视频素材的帧率，一般建议不要调整到0.5倍以下。否则变速后的视频会变得卡顿。如果需要取消变速的效果，可以点击属性调节区右下角的"重置"。

曲线变速

如果我们需要在视频素材内部实现不同的变速，可以使用剪映提供的"曲线变速"功能。点击"曲线变速"，可以看到如图3-12所示的界面。

剪映提供了预置的"蒙太奇""英雄时刻""子弹时间""跳接""闪进""闪出"几个选项，我们可以直接运用，也可以对预置的效果运用后进行调整。我们也可以点击"自定"进行自定义变速。点击"自定义"后，出现的界面如图3-13所示。

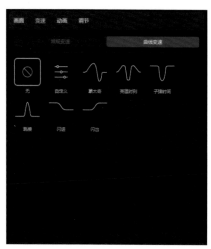

◆ 图3-12

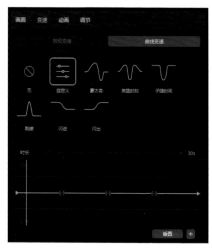

◆ 图3-13

曲线变速默认有5个控制点。每个点的控制变速从0.1倍速到10倍速。如果我们需要添加控制点，可以在需要添加控制点的位置，点击变速调整区右下角的"+"，根据自己的要求进行添加。如果我们不需要很多的控制点，可以将不需要的控制点删除。移动竖线到需要删除的控制点，然后点击右下角的"-"就可以删除掉多余的控制点，如图3-14所示。

同常规变速一样，曲线变速中如果小于1倍速，我们也可以勾选"智能补帧"功能来使得视频更加流畅。

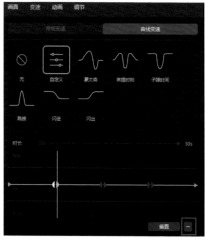

◆ 图3-14

03 制作 延时视频

本节教大家延时视频的制作方法。如果你的手机没有延时摄影功能，或者忘记使用延时摄影功能拍摄视频，那么此方法能够帮助你快速制作出延时效果的短视频。

导入素材

打开剪映，点击"开始创作"，如图3-15所示，进入素材添加界面。选择一段提前拍摄好的视频素材，点击界面右下角的"添加"，如图3-16所示，将选中的视频导入到剪辑项目中，如图3-17所示。

◆ 图3-15

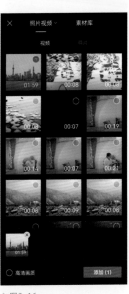

◆ 图3-16

◆ 图3-17

视频变速

在剪辑轨道区选中视频素材，点击底部工具栏中的"变速"-"常规变速"，如图3-18和图3-19所示，将播放速度调整到10倍后，点击"√"，如图3-20所示。这样视频就是按照10倍速的速度进行播放的，延时效果就制作好了。

◆ 图3-18

◆ 图3-19

◆ 图3-20

点击界面左下角的"<<"-"<"，返回到剪辑界面中，如图3-21和图3-22所示。

◆ 图3-21

◆ 图3-22

　　单独的一段延时视频有些单调，我们可以在视频画面中添加一个人物。点击底部工具栏中的"画中画"－"新增画中画"，如图3-23和图3-24所示，进入素材添加界面。选择一张人物的背影照片，把它添加到剪辑项目中，如图3-25所示。

◆ 图3-23

◆ 图3-24

◆ 图3-25

　　在剪辑轨道区选中画中画素材，点击底部工具栏中的"智能抠像"，对人像进行抠图，如图3-26和图3-37所示。

◆ 图3-26

◆ 图3-27

双指在视频预览区滑动调整人物抠像的位置，并把它调整到合适的大小，如图3-28所示。

◆ 图3-28

按住画中画素材最右端的白色图标向右拖动，使之与视频素材的最右端对齐，如图3-29所示。这样一来，用剪映制作的延时视频就完成了。

点击界面右上角的"导出"，将视频导出，如图3-30和图3-31所示。

◆ 图3-29

◆ 图3-30

◆ 图3-31

最终短视频的画面效果如图3-32、图3-33、图3-34、图3-35所示。

◆ 图3-32

◆ 图3-33

◆ 图3-34

◆ 图3-35

04 好用的 "防抖" 和 "降噪" 功能

"防抖" 功能

剪映App的防抖工具可以有效防止镜头的抖动。点击底部工具栏中的"防抖",如图3-36所示,选择一个合适的防抖级别,然后点击"√",即可对视频画面完成防抖处理,如图3-37所示。

◆ 图3-36   ◆ 图3-37

"降噪"功能

剪映App的降噪工具能够减少视频或音频中的噪音，提高音频质量。点击底部工具栏中的"降噪"，如图3-38所示，打开降噪开关，然后点击"√"，即可对视频音频完成降噪的处理，如图3-39所示。

◆ 图3-38   ◆ 图3-39

剪映专业版中"防抖"和"降噪"功能的使用方法

在属性调节区点击"画面",打开画面面板,滚轮向下,勾选"视频防抖"复选项,如图3-40所示,选择一个合适的防抖等级即可。

切换至"音频"界面,勾选"音频降噪"复选项,即可实现剪映专业版中的"降噪"功能,如图3-41所示。

◆ 图3-40

◆ 图3-41

05 实现人物魅力最大化的"美颜美体"功能

剪映App中"美颜美体"功能的使用方法

点击底部工具栏中的"美颜美体",如图3-42所示,即可进入"美颜美体"界面。其中有"美颜""美型""美妆""手动精修"4个分组。"美颜"分组中有"美肤""丰盈""磨皮"等选项,该分组主要针对人物面部的皮肤进行美化,如图3-43所示。

◆ 图3-42　　　　　　　　◆ 图3-43

　　"美型"分组有"面部""眼部""鼻子"等选项，该分组可以针对五官进行调整，如图3-44所示。

　　"美妆"分组有"套装""口红""腮红"等选项，该分组可以美化人物的妆容，如图3-45所示。

◆ 图3-44　　　　　　　　◆ 图3-45

　　"手动精修"分组可以手动给人物瘦脸，当开启五官保护时，即使再大幅度地瘦脸，人物五官也不会变形。本案例人物面部不需要大幅度修整，所以不开启该功能，如图3-46所示。

　　"美体"界面可以"智能美体"，也可以"手动美体"。"智能美体"可以自动识别人物的身体部位，然后通过调节美化程度来对形体美化，如图3-47所示；"手动美体"需要将调整线条放置对应的身体部位，然后适当调节美体程度即可，如图3-48所示。

◆ 图3-46

◆ 图3-47

◆ 图3-48

剪映专业版中"美颜美体"功能的使用方法

　　在属性调节面板中打开"画面"界面，进入"美颜美体"分组，勾选"美颜"复选项，可以选择"单人模式"，即对单个人物进行美化，如图3-49所示，可以看到播放器中人物面部已被选中。"全局模式"则是多人照片中对多个人物同时调整。

◆ 图3-49

与剪映App相同的是，既可以对人物皮肤、五官、妆容进行调整，也可以对人物形体进行调整，唯一不同的就是美体也在该界面，且无法手动美体，如图3-50所示。

◆ 图3-50

AI "智能扩图" 的使用方法

在属性调节界面点击"AI效果"，勾选"玩法"选项，其中就有"智能扩图"，如图3-51所示。

点击以后可以看到扩图完毕，如图3-52所示，通过AI扩大场景，扩展出原照片以外的画面，也扩展了人物的下半身。但该功能并不完善，有时候扩展出的画面并不合理，可以多次尝试，直到得到合理的画面。

◆ 图3-51

◆ 图3-52

AI特效的使用方法

　　同在AI效果界面，勾选"AI特效"选项，可以看到会弹出"互斥提示"对话框，提示我们玩法和AI特效无法同时使用，点击"继续"，如图3-53所示。

◆ 图3-53

其中有5种风格，可以根据不同风格的缩略图来选择想要的效果，下面是风格描述词的文本框，如图3-54所示，AI会根据文本框中的描述词与原图来生成画面，描述词越详细越能生成自己想要的画面，该文本框中已经写好了官方提供的模板，我们可以直接采用该模板，也可以在此基础上修改，还能点击"随机"再生成一段新的描述词，当然你也可以全部删掉自己重写一段。

◆ 图3-54

这里我们就采用该描述词，直接点击"生成"，可以看到生成了4种结果，点击可以在播放器中查看效果，如图3-55所示。

◆ 图3-55

如果喜欢该效果，但觉得效果强度不够或太强烈，可以在该效果上点击"调节"图标，提高或者降低强度，然后点击"重新生成"即可，这里我们降低强度，如图3-56所示。

◆ 图3-56

可以看到又在该效果的基础上生成4种结果，如图3-57所示，现在效果强度就没有上一次高，更贴近现实。如果满意这个结果就可以点击"应用效果"了。

◆ 图3-57

06 强大的"剪同款"功能

使用"抖音玩法"制作人物立体相册

点击下方的"剪同款",如图3-58所示,进入"剪同款"界面,在搜索栏中输入"人物立体相册",如图3-59所示。

◆ 图3-58

◆ 图3-59

点击可查看该模板效果，选择一个喜欢的点击右下角的"剪同款"，如图3-60所示，点击相册里的照片添加素材，点击"下一步"，如图3-61所示。

◆ 图3-60

◆ 图3-61

等待一段时间后便生成完成，可以看到效果如图3-62和图3-63所示，满意该效果就可以点击右上角的"导出"将视频导出。

◆ 图3-62

◆ 图3-63

3D运镜电子相册

同样在搜索栏中输入"3D运镜电子相册",如图3-64所示,点击查看效果预览,再点击右下角的"剪同款",如图3-65所示,然后点击照片添加素材,点击"下一步",如图3-66所示。

◆ 图3-64

◆ 图3-65

◆ 图3-66

等待后生成完毕,可以看到该电子相册是3D运镜的效果,如图3-67和图3-68所示。

◆ 图3-67

◆ 图3-68

07 关键帧动画

剪映关键帧功能是我们在视频中处理各种动画和特效的基础，恰当使用关键帧可以使动画效果更加生动有趣。本节主要向大家介绍剪映关键帧的基本用法和画面定格的相关操作。

关键帧动画

要理解关键帧动画，首先我们要明白什么是帧和关键帧，帧是动画中最小单位的单幅影像画面。关键帧指物体运动变化中关键动作所处的那一帧，相当于二维动画中的原画。

关键帧动画是根据我们设置的关键帧，从起始画面到结束画面之间的部分由软件来生成的一个画面变化的运动画面。制作关键帧动画最主要的就是关键帧的设置。比如说我们要做一段放大的动画，我们需要设置一个扩大后的关键画面作为关键帧，剪映会计算出从视频片段开始到这个帧之间的变化过程。如果没有这个关键帧，那么剪映不会处理中间的画面变化，视频就不会有扩展的动画效果。

关键帧动画可以用来制作各种各样的动画效果。可以做画面放大或者缩小的动画，或是做画面移动（位置变化）的动画。下面结合两个具体的示例来介绍一下。

画面缩放效果

当我们要强调某个物体时，我们一般会首先将整个物体放入画面，然后再将画面逐渐放大，来突出我们要强调的物体。

以物体放大为例，首先拖动视频时间轴显示在关键帧动画开始的位置，点击"插入关键帧"图标，如图3-69所示。

在此处插入一个关键帧。插入关键帧后，时间轴处会出现一个菱形图标，这个菱形图标就是关键帧的标志，如图3-70所示。

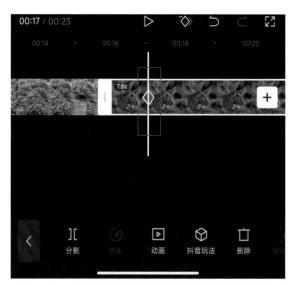

◆ 图3-69　　　　　◆ 图3-70

它表示视频图像从此处开始变化。然后我们移动素材，使时间轴处于物体放大到最大处的位置，此时我们调整图像，使图像显示为最终要放大的大小，剪映会在此处自动插入一个关键帧。再次拖动素材，使时间轴处于物体变回到正常大小的位置，在此处我们调整图像，将画面调整到正常大小，剪映也会在此处自动插入一个关键帧。

此时我们点击预览窗口的"播放"键，就可以看到物体逐渐变大又逐渐缩小的画面效果。

物体移动效果

首先从素材库中寻找一个动画，我们以蜜蜂动画为例来给大家演示一下。由于移动的素材是我们后加的，所以这时候需要以"画中画"功能来实现。移动素材使时间轴出现在要插入动画的位置，点击"画中画"，然后点击"新增画中画"，在出现的界面点击"素材库"，在搜索栏输入"蜜蜂"，点击搜索，结果如图3-71所示。

◆ 图3-71

　　点击相应的素材可以进行预览。这里我们直接添加第一个素材即可。选中素材后，点击"添加"。这时候素材就被导入到剪辑中了，如图3-72所示。

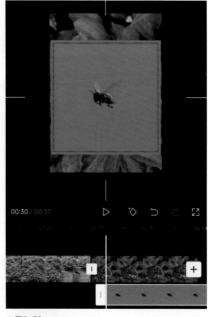

◆ 图3-72

　　我们拖动一下插入的素材，使它和上面的素材时间轴对齐。长按蜜蜂素材，然后拖动，对齐时手机会有震动提示。由于蜜蜂后面的蓝色背景会遮挡后面的画面，所以需要先对素材进行抠像操作，将蓝色背景去除。

由于我们选择的素材比较简单，直接做一个智能抠像即可。选中蜜蜂素材，然后点击"抠像"，如图3-73所示。

在弹出的界面中，点击"智能抠像"，如图3-74所示。

然后等待抠像成功的提示即可。我们选择的背景比较简单，智能抠像可以很好地处理这个画面。详细的抠像教程我们会在后续章节中进行介绍。抠像完成后，可以看到蜜蜂后面的蓝色背景已经被完全去掉，如图3-75所示。

由于原素材中的蜜蜂只是在原地做扇翅膀运动，我们需要让蜜蜂在花周围移动。这时候我们就可以利用关键帧动画功能开始蜜蜂飞行动画的制作过程了。

首先选中蜜蜂所在的素材，然后将时间轴拖动至我们要插入关键帧的位置，也就是蜜蜂移动开始的位置。点击"插入关键帧"图标，如图3-76所示。

◆ 图3-73

◆ 图3-74

◆ 图3-75

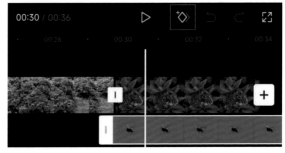
◆ 图3-76

拖动时间轴，白线处是我们要插入第二个关键帧的位置，此时我们移动预览图上蜜蜂的画面，使它的位置从花的顶部移动到花的一边，这时候剪映自动为我们插入了一个关键帧，如图3-77所示。

以此类推，我们移动时间轴，分别添加蜜蜂在花下面和蜜蜂在花右边的关键帧。完成后，可以看到蜜蜂所在的素材轨道上有4个关键帧，如图3-78所示。

◆ 图3-77

◆ 图3-78

通过这4个关键帧，就可以完成蜜蜂在花周围移动飞行的动画了。以上就是一个简单的物体移动的关键帧动画制作过程。

除了图像和视频素材，音频素材也可以添加关键帧，可以用来调整音量大小的变化，来实现音乐或者背景音淡入淡出的效果。

文字和字幕也可以添加关键帧。总结一下，只要是能出现在素材轨道上的都可以插入关键帧。音频和文字的关键帧我们会在后续的章节中讲解。

删除关键帧

如果关键帧的设置有错误，或者我们需要调整它的位置，需要删除当前位置的关键帧，我们首先需要选中要删除关键帧的素材，然后拖动时间轴，使其处于关键帧的位置。此时关键帧的白色菱形方块会变为红色菱形方块，如图3-79所示。

点击轨道上方的"删除关键帧"，如图3-80所示。

删除后的关键帧动画效果也会跟着一并删除。

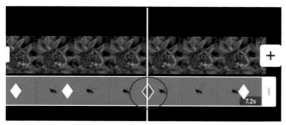

◆ 图3-79

◆ 图3-80

● 为视频添加文字
使其充满艺术气息

文字是视频不可或缺的辅助工具。但是，仅仅添加文字并不能满足所有人的需求。为了使视频更加吸引人，我们需要让文字充满艺术气息，使其不仅具有信息传递的功能，也能为观众带来美的享受。

01 添加字幕
完善视频内容

◆ 图4-1

手动添加字幕

点击工具栏中的"文字",如图4-1所示。

可以看到文字的详细菜单,如图4-2所示。

◆ 图4-2

点击"新建文本",会出现文字输入框,如图4-3所示。

我们输入的文字会实时显示在预览窗口内。输入完成后,点击输入法中的回车按钮,就可以实现文字的换行。点击输入框右侧的"√",就会隐藏输入法界面。此时剪辑轨道上会出现一个文字轨道,如图4-4所示。

◆ 图4-3

◆ 图4-4

　　如果我们需要调整和修改文字，可以双击文字轨道再次进入编辑状态，或者选中文字轨道，点击下方工具栏中的"编辑"，也可以进入编辑状态。

　　当我们选择文字轨道后，预览界面如图4-5所示。

◆ 图4-5

　　此时我们刚才输入的文字被一个方框框住。方框的周围有四个图标。分别可以实现以下功能。

删除选中的文字： 点击左上角的图标，可以删除这个文字轨道。

编辑选中的文字： 点击右上角的图标，可以进入文字编辑界面，对文字进行修改。

复制选中的文字： 点击左下角的图标，可以将选中的文字复制并放置到一个新的文字轨道。

旋转选中的文字： 按住右下角的图标，不要松手，拖动就可以实现选中文字的旋转。

自动识别字幕

剪映里还有一个和文本识别有关的重要功能：自动识别字幕。这个功能可以很大程度上方便短视频工作者，也方便了一些专业宣传人员、专题片制作者等人员。之前字幕都是通过文本编辑来实现的，而且要手动根据视频中的声音来对齐时间轴。

◆ 图4-6

我们以一段带有配音的素材来进行了示范。点击"文字"-"识别字幕"，如图4-6所示。

此时会出现识别字幕的选项，如图4-7所示。

◆ 图4-7

识别类型：默认选中"全部"，不仅识别素材中的视频文件，还会识别素材中的音频文件。如果我们只想识别视频中的语音，可以选择"仅视频"。

双语字幕：这是开通VIP才有的功能。点击双语字幕右侧的下拉菜单，可以选择中英字幕、中日字幕、中韩字幕，如图4-8所示。

标记无效片段：剪映可以智能识别视频中的重复片段、语气词、停顿等内容。打开这个选项，剪映会在生成字幕时对无效片段进行标记。完成后可以一键清除无效片段。

清空已有字幕：如果我们的原始视频素材带有字幕，那么此时勾选这个选项，会清除原有的字幕。

设置完成后，点击"开始匹配"，剪映会开始识别视频中的声音并生成字幕文件，生成完毕的效果如图4-9所示。

◆ 图4-8

◆ 图4-9

可以看到识别的准确率还是很高的。我们可以在预览窗口参照上一节的内容调整字幕的样式。预览框下方是识别出的字幕的列表。如果我们当时打开了"标记无效片段"这个选项，屏幕最下方会显示"清除××个片段"，数字是识别出的无效片段的数量。点击后，剪映会提示是否删除无效片段对应的视频，如图4-10所示，我们可以根据自己的需要进行选择。

◆ 图4-10

清除完无效片段后，点击字幕列表右上方的"完成"，就可以看到识别出的文字轨道已经出现在视频轨道的下方了，如图4-11所示。

此时点击预览窗口的播放键就可以看到字幕的效果了。如果我们还想继续编辑字幕，可以点击屏幕下方的"编辑"或者"批量编辑"。"编辑"是针对当前选中的文字进行编辑；"批量编辑"是对文字轨道上所有的文字进行批量处理。点击"批量编辑"后的界面如图4-12所示。

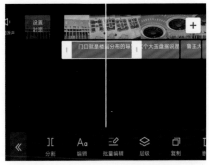

◆ 图4-11

◆ 图4-12

粗体文字就是当前被选中的文字，再次点击此处的文字可以对文字进行修改。点击右侧的"删除"图标可以删除这一行文字。

我们根据视频校对和修改完成后，就可以完成字幕的设置了。

118

自动识别歌词

剪映除了可以识别视频中的语音，还可以识别歌曲中的歌词。打开剪映App，在视频末尾插入一段音乐。具体插入音乐的方式可以参照上一章的内容。然后我们拖动时间轴，使时间轴显示在音乐的位置，此时不要选定任何轨道，如图4-13所示。

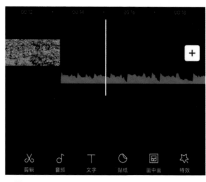

◆ 图4-13

点击下方的"文字"，然后点击"识别歌词"按钮，如图4-14所示。

◆ 图4-14

点击后会弹出如图4-15所示的界面。

◆ 图4-15

如果之前轨道上有歌词文本的话，可以打开"同时清空已有歌词"开关，这样新识别出的歌词会替换原有的歌词。点击"开始匹配"，剪映会自动匹配歌曲对应的歌词。跟字幕识别不同的是，字幕识别是将语音识别为文字，而歌词识别是直接从数据库里匹配歌曲和歌词，因此歌曲歌词的识别率要更高。

02 美化字幕

设置字幕样式

点击"样式"标签，系统会为我们展示样式设置界面，如图4-16所示。

下面简要介绍样式设置的界面。

最上面一栏"T"字形的图标是快捷设置选项，可以直接点击对应的图标，来选择系统预先设置好的样式。选择好之后，可以直接使用，也可以稍微进行下调整再使用。剪映提供了几十种预置的样式，我们可以左右拖动进行查看和选择。

位于快捷设置选项下方的是文字各个单项设置的选项。

文本：设置文本的颜色、字体大小和透明度。

描边：设置字体外框的颜色。可以在下面的选项中调节描边的粗细程度。

发光：调整字体的发光效果。扩展选项可以调节发光的强度和范围。

背景：在文字后面添加的一个方框形底板。可以调整背景的透明度、圆角、高度、宽度，以及背景相对于文字的上下偏移和左右偏移。

阴影：可调整文字后面形成的阴影的颜色、透明度等选项。

排列：针对多行文字进行排列的选项，可以选择文字的纵向排列还是横向排列，以及排列后是左对齐还是右对齐，还可以调整文字的字间距和行间距。

粗斜体：设置文字的粗体、斜体和下画线选项。可以同时选择，也可以分别选择。

颜色选择栏可调整所选项目的颜色。

针对前面选择的字体，还可以调整字号和透明度。字号越大，文字越大。透明度越高，文字越不透明；透明度调到最低后，文字就是全透明状态。

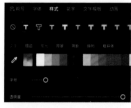

◆ 图4-16

花字效果

花字效果是剪映提供的一种模板，已经提前把各种效果都预设好了，无须手动调整，类似一个直接选成品的过程。和文字调整的区别是，花字里面的颜色可以是渐变色，而字体设置里面的文字是纯色的，如图4-17所示。

和前面的字体一样，长按图标可以进行收藏。收藏后的花字右上角会有一个黄色的五角星标志。

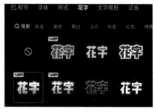

◆ 图4-17

应用文字模板

除了前面提供的文本的静态效果，剪映还提供了动态文字效果。文字模板就是其中的一个分类。点击"静态模板"，切换到静态模板界面，如图4-18所示。

◆ 图4-18

点击后选中可以预览效果。同时模板还会附带额外的文字，比如我们要使用"6.1儿童节快乐"这个模板，点击后，模板就会应用到文字上，如图4-19所示。

如果想使用这个效果，但是不想要下面的"儿童节快乐"这几个字，可以在预览窗口点击选中这几个字，然后在文字编辑栏里删除即可。

◆ 图4-19

03 在剪映专业版中 添加字幕

新建文本

首先将本章的素材导入到时间线轨道上，如图4-20所示。

◆ 图4-20

点击媒体素材区的"文本"，在弹出的界面中选中"默认文本"，点击右下角的" +"将文本添加到剪辑中，如图4-21所示。

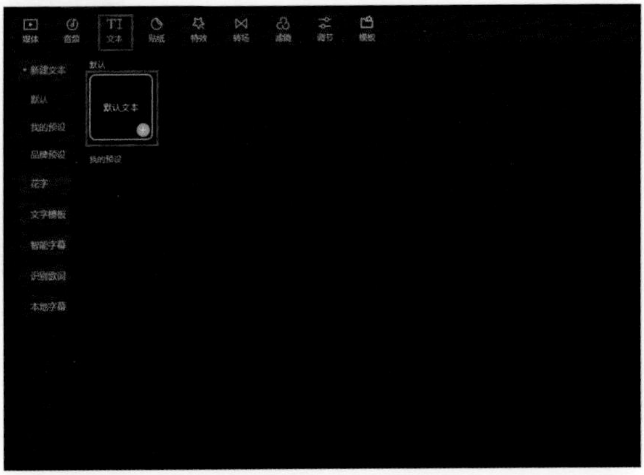

◆ 图4-21

添加完成后，时间线区会添加一条文字轨道，当我们选中文字轨道时，属性调节区会变为文字属性的调整界面，如图4-22所示。

122

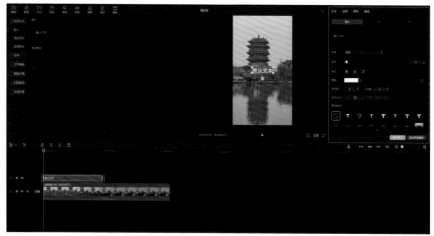

◆ 图4-22

　　同时在播放器窗口会出现文字的预览和调整
框，如图4-23所示。

　　我们可以拖动文字的位置，也可以拖动文本框
四周的圆点来调整文字的大小。另外，拖动文本框
下方的旋转按钮还可以调整文字的旋转角度。

◆ 图4-23

花字

　　花字是剪映专业版提供的另外一种提前把各种效果都预设好的字体，无须手动调整，类似一个直接选
成品的过程。

已有文字应用花字效果：

对于已经输入完成的文字，我们可以在属性调节区来应用花字效果。选中文本素材，然后点击属性调节区文本界面下的"花字"标签，如图4-24所示，在花字列表区选择对应的花字效果就会将其应用到当前选中的文字素材上。

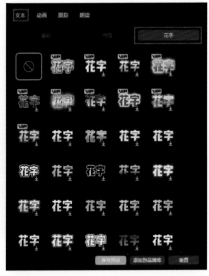

◆ 图4-24

新建花字效果的文字：

点击媒体素材区的"文本"，然后在界面的左侧点击"花字"，会出现如图4-25所示的花字界面。

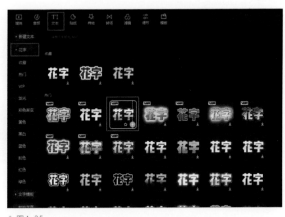

◆ 图4-25

剪映对花字效果进行了分类，我们可以根据列表来进行筛选。点击对应的花字图标可以在播放器区预览效果。点击花字右下角的五角星图标，可以将花字效果添加到收藏。点击右侧的"+"，可以将花字添加到我们的剪辑中，如图4-26所示。

◆ 图4-26

此时新插入的文字内容是"默认文本"。我们可以选中这个素材，然后点击属性调节区"文本"界面下的"基础"标签，对文字进行修改，如图4-27所示。

◆ 图4-27

智能字幕

剪映专业版里面还有一个和文本识别有关的重要功能：智能字幕。这个功能可以很大程度上方便我们的短视频工作者，也方便了一些专业宣传人员、专题片制作者等。以前的字幕都是通过文本编辑来实现的，并且需要手动根据视频中的声音来对齐时间轴。有了智能字幕功能之后，可以大大减少我们的工作量。

我们以一段带有配音的素材来进行示范。将案例中的素材添加到剪辑中，点击媒体素材区的"文本"，然后点击左侧的"智能字幕"，剪映提供了两种匹配字幕的方式。

识别字幕：剪映识别音频或视频素材中的人声，并自动生成字幕。

文稿匹配：插入音频或视频素材对应的文稿，剪映自动匹配画面。

我们选择"识别字幕"，点击下方的"开始识别"，如图4-28所示。

◆ 图4-28

点击"开始识别"后，剪映会开始对音视频进行识别。识别完成后，剪映会在时间线区添加一个文本轨道，如图4-29所示。

◆ 图4-29

可以看到，识别的准确率还是很高的。我们还可以在属性调节区调整字幕的样式。

04 让文字 "动起来"

利用动画效果让文字 "动起来"

点击"动画",可以为文字添加动画效果,如图4-30所示。

◆ 图4-30

和文字模板不同的是,文字模板会改变文字的样式,例如颜色、字体等。而动画不会改变文字的样式,只会为设置好的文字应用动画效果。动画按照应用在素材中的时间可以分为入场、出场、循环3种。

入场动画:应用到文字进入场景时的动画效果。播放完入场动画效果后,文字就会出现在场景中。

出场动画:应用到文字退出场景时的动画效果。播放完出场动画效果后,文字就会消失在场景中。

循环动画:文字出现后会不停地做某一个循环动作。

应用动画效果后,文字轨道上会提示此段轨道使用了动画效果,如图4-31所示。这个提示可以方便我们直接从轨道界面就可以看到是否使用了文字效果,有利于我们日后的整体剪辑。

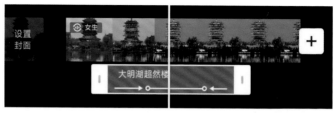

◆ 图4-31

剪映专业版中添加文本动画的方法

选中文字素材，点击属性调节区的"动画"，可以为文字添加动画效果，如图4-32所示。

◆ 图4-32

动画按照应用在素材中的时间可以分为入场、出场、循环3种。

入场动画：应用到文字进入场景时的动画效果。播放完入场动画效果后，文字就会出现在场景中。

出场动画：应用到文字退出场景时的动画效果。播放完出场动画效果后，文字就会消失在场景中。

循环动画：文字出现后会不停地做某一个循环动作。

应用动画效果后，文字轨道上会提示此段轨道使用了动画效果，如图4-33所示。这个提示可以方便我们直接从轨道界面就可以看到是否使用了文字效果，有利于我们日后的整体剪辑。

◆ 图4-33

● 添加音频，
打造沉浸式氛围

　　视频不只有画面，还有音频。"没有音频，再好的戏也出不来"，有句经典的广告语就是这么说的。音频处理得好坏，会在很大程度上影响我们剪辑完成后作品的效果。本章为大家详细讲解音频的处理。

01 背景音乐的重要作用

让视频蕴含情感

　　背景音乐在视频中扮演着重要的角色，它能够让视频蕴含情感、更容易打动观众。音乐是一种跨越语言和文化的艺术形式，它能够直接触动人们的情感和心灵。在视频中加入适当的背景音乐，可以增强视频的情感表达，让观众更加深入地理解视频所传递的情感。

　　首先，背景音乐能够引导观众的情感。音乐是一种非常有力的情感表达工具，它可以通过旋律、节奏、和声等元素来表达情感。在视频中，适当的背景音乐可以帮助观众更好地理解和感受视频中的情感。例如，在表达悲伤的情感时，可以选择柔和、慢速的音乐，而在表达欢快的情感时，可以选择快节奏、明快的音乐。通过音乐的引导，观众可以更加深入地感受到视频所蕴含的情感。

　　其次，背景音乐可以增强视频的情节和场景氛围。在视频中，音乐可以与画面相互补充，营造出更加浓郁的氛围和情感效果。例如，在恐怖电影中，紧张刺激的音乐可以增强恐怖氛围，让观众更加身临其境地感受到电影中的恐怖元素。而在浪漫电影中，柔和、浪漫的音乐可以让观众更加深入地感受到男女主角之间的情感纠葛。

　　此外，背景音乐还可以起到时间标记的作用。在长视频中，音乐可以帮助观众更好地划分视频的时间段落和情节。通过音乐的节奏和旋律变化，观众可以更加清晰地理解视频的情节发展。

　　综上所述，背景音乐在视频中起到了重要的作用。它可以让视频蕴含的情感更容易打动观众，增强视频的情节和场景氛围，并起到时间标记的作用。因此，在制作视频时，适当选择和运用背景音乐是非常重要的。

节拍点的作用

　　在视频制作中，节拍点也是一个至关重要的元素，它对视频的节奏和整体效果会产生深远的影响。节拍点可以理解为视频中的关键帧或时间点，它们在视频的进展中起到推动和调节节奏的作用。

　　首先，节拍点有助于确立视频的整体节奏。节奏是视频的内在规律，它决定了视频的进展速度和观众的观看体验。通过在视频中设置适当的节拍点，创作者可以有效地控制节奏，使视频在快慢、紧张与放松之间取得平衡。例如，在快节奏的视频中，节拍点可以设置得更密集，以增强紧张感；而在慢节奏的视频中，节拍点可以适度减少，以营造轻松的氛围。

其次，节拍点有助于引导观众的注意力。通过巧妙地安排节拍点的位置和内容，创作者可以引导观众的视线和注意力，使他们对视频中的关键信息更加关注。例如，在教育或说明类型的视频中，节拍点可以设置在重要的知识点或操作步骤上，以提醒观众或加深观众的记忆。

此外，节拍点还可以用于创造情感共鸣。通过在特定的情感节点设置节拍点，创作者可以引发观众的情感反应，使视频更具感染力和共鸣。例如，在情感剧或纪录片中，节拍点可以设置在情感的高潮或转折点，以引发观众的共情或思考。

综上所述，节拍点在视频中的作用是不容忽视的。通过合理地运用节拍点，创作者不仅可以有效地控制视频的节奏和效果，还可以引导观众的注意力、创造情感共鸣，使视频更加生动、有趣和引人入胜。

02 短视频音乐的选择技巧

音乐作为短视频的重要组成部分，对于其整体效果和观众体验有着至关重要的影响。因此，选择合适的短视频音乐至关重要。本节将介绍一些短视频音乐的选择技巧，帮助您在创作的过程中更好地选择和运用音乐。

一、理解音乐与画面的关系

音乐与画面是相辅相成的，音乐能够增强画面的情感表达和氛围营造，而画面则可以为音乐提供具象的展现方式。在为短视频选择音乐时，要充分理解音乐与画面的关系，确保音乐与短视频的内容、情感和节奏相匹配。例如，如果短视频的内容是欢快的，可以选择节奏明快、旋律轻快的音乐；如果短视频的内容是感人的，可以选择悠扬、柔和的音乐。

二、考虑音乐版权问题

在为短视频选择音乐时，一定要考虑到音乐的版权问题。如果您使用的音乐没有获得版权许可，可能会面临侵权的风险。因此，建议选择无版权或已获得版权许可的音乐，或者使用平台提供的免费音乐。

三、注重音乐的节奏和长度

音乐的节奏和长度对于短视频的整体效果至关重要。如果音乐的节奏与短视频的内容不匹配，或者音乐的长度与短视频的长度不合适，都会影响观众的观感和体验。因此，在选择音乐时，要仔细调整音乐的节奏和长度，使其与短视频的内容完美匹配。

四、参考优秀的短视频作品

通过观看不同类型、不同风格、不同主题的短视频作品，您可以了解不同创作者对于音乐的选择和运用方式，从而为自己的创作提供灵感和参考。

五、不断尝试与创新

不要局限于某一种音乐风格或选择方式，要勇于尝试不同类型的音乐和不同的组合方式。通过不断的实践和尝试，您会发现更多适合自己的音乐选择技巧和创作方式。

选择合适的短视频音乐需要综合考虑多个因素，包括音乐与画面的关系、版权问题、节奏和长度等。通过理解这些因素并运用适当的技巧，您将能够创作出更具吸引力和感染力的短视频作品。

03 添加背景音乐的方法

选取剪映音乐素材库中的音乐

剪映的音乐素材库中提供了不同类型的音乐素材。添加音乐的方法非常简单，在未选中素材的状态下，点击"添加音频"或底部工具栏中的"音频"，如图5-1所示，然后在打开的音频工具栏中点击"音乐"，进入音乐添加界面，如图5-2所示。

◆ 图5-1

◆ 图5-2

剪映的音乐素材库对音乐进行了细致的分类,例如"卡点""抖音""纯音乐""VLOG""秋天""旅行"等,如图5-3所示,你可以根据音乐类别快速挑选适合视频基调和风格的背景音乐。在音乐素材库中,点击任意一首音乐,即可进行试听。点击"使用",即可将音乐添加至剪辑项目中,如图5-4和图5-5所示。

◆ 图5-3

◆ 图5-4

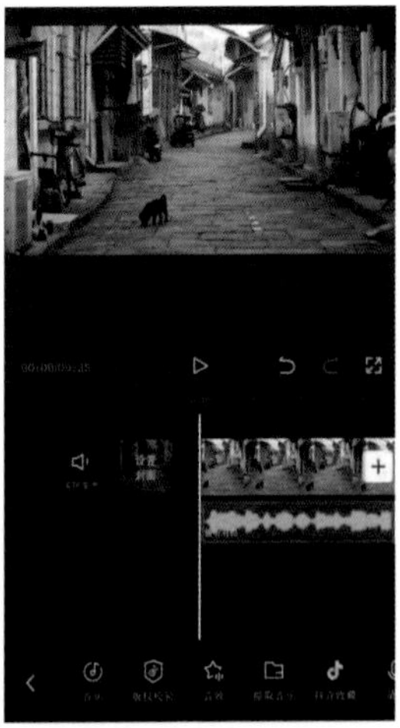

◆ 图5-5

提取本地视频的背景音乐

　　如果我们想插入某一段视频里面的音乐时，可以使用剪映App提供的"提取音乐"功能，把视频中的音乐提取出来，再插入到我们的作品中。点击屏幕下方的"音频"，然后点击"提取音乐"，如图5-6所示。

◆ 图5-6

　　第一次使用"提取音乐"功能时，会出现如图5-7所示的提示。

◆ 图5-7

然后将我们存在手机里的视频的音乐提取出来，作为背景音乐使用。也可以从抖音下载的视频中来提取音乐。选中视频后，点击"仅导入视频中的声音"，如图5-8所示。这个操作只会将视频文件中的音频导入到我们的剪辑中，视频文件不会被导入到剪辑中。

◆ 图5-8

此时剪映会提示，"使用未授权音乐发布到抖音，可能会因为版权限制而被静音。建议使用版权校验功能进行校验"，如图5-9所示。

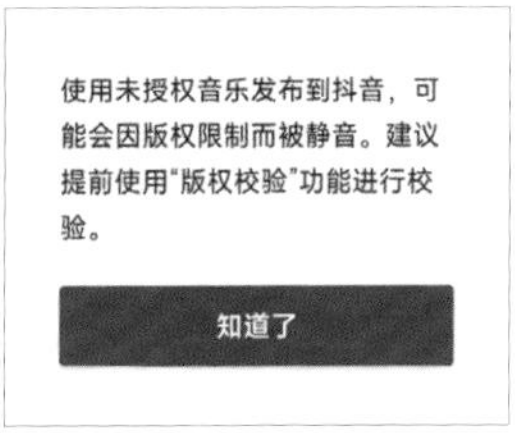

使用未授权音乐发布到抖音，可能会因版权限制而被静音。建议提前使用"版权校验"功能进行校验。

知道了

◆ 图5-9

另外我们也可以从抖音App中保存视频到相册。找到喜欢的带音频文件的素材，我们可以在视频界面长按，然后在弹出的菜单中选择"保存到相册"，如图5-10所示。

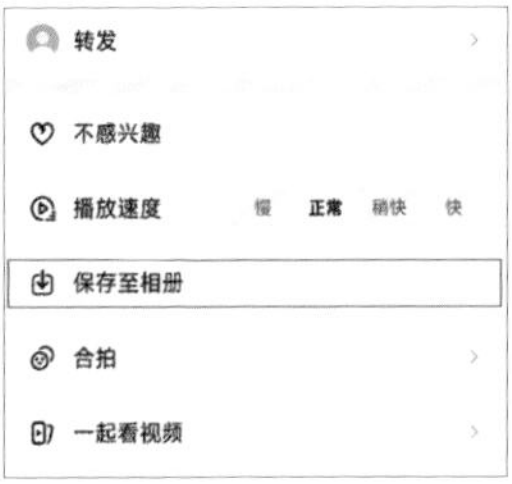

🔁 转发

♡ 不感兴趣

▷ 播放速度　　慢　正常　稍快　快

⊕ 保存至相册

◎ 合拍

⊟ 一起看视频

◆ 图5-10

等抖音下载完成，就会出现"已保存，请到相册查看"的提示，如图5-11所示。

下载完成后，再使用"提取音乐"功能，就可以从相册里面看到我们刚刚下载的视频了。

◆ 图5-11

使用抖音收藏的音乐

此处的抖音收藏是指你登录剪映账号的抖音账号在抖音App中收藏的音乐。

下面介绍如何导入抖音收藏的音乐，点击"音频"，然后点击"抖音收藏"，如图5-12所示。

◆ 图5-12

弹出的界面如图5-13所示。

◆ 图5-13

屏幕上半部分是抖音音乐的分类图标展示。我们可以点击各个分类来浏览试听。

屏幕下半部分提供了几个常用的标签。默认标签显示的就是抖音收藏的音乐。如果我们已经将抖音收藏的音乐下载到本机，此时可以直接点击右侧的"使用"进行添加，如图5-14所示。

◆ 图5-14

如果还没有下载到本机，可以点击右侧的下载图标，待下载完成后，下载图标会变成"使用"，此时我们就可以点击"使用"进行添加。

简要介绍下在抖音App中如何收藏音乐。在抖音视频的右下角有一个碟片的图标，如图5-15所示。点击碟片图标，此时会出现音乐界面，如图5-16所示。

◆ 图5-15

◆ 图5-16

这时我们可以点击"收藏音乐"来进行收藏。收藏后我们就可以在剪映的"抖音收藏"中来使用了。

通过链接下载音乐

除了可以使用抖音收藏的背景音乐，也可以使用链接直接下载热门音乐。

在抖音中发现喜欢的背景音乐后，点击右下角的"分享"图标，如图5-17所示；会跳出一个"分享到"菜单，点击其中的"复制链接"即可，如图5-18所示。

◆ 图5-17

◆ 图5-18

执行此操作后，即可复制此背景音乐链接，然后在剪映中粘贴并打开此链接下载，即可将该音乐加入到音频轨道中。

在剪映专业版中导入视频素材，单击左上角功能区的"音频"，找到"链接下载"选项，如图5-19所示。

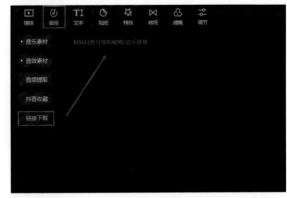

◆ 图5-19

将刚刚复制的背景音乐链接粘贴在文本框内，单击文本框末端出现的"下载"图标，如图5-20和图5-21所示，即可将音频加入轨道使用。

◆ 图5-20

◆ 图5-21

录制语音，添加旁白

如果我们要给素材添加一个旁白，可以通过多种方法实现。

直接录制旁白

最简单的　种是，点击"音频"，然后点击"录音"，如图5-22所示。

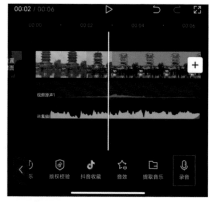

◆ 图5-22

进入录音界面。点击或长按"麦克风"图标进行录制，如图5-23所示。

◆ 图5-23

直接长按进行录制。这个功能类似微信中的长按发语音功能。我们将准备好的旁白对着手机的麦克风朗读出来就可以了。

图文成片功能生成旁白

如果对自己的声线不太满意或者不喜欢自己的声音出现在作品里面，还有另外一个办法，就是利用"图文成片"功能。打开剪映，点击屏幕上方的"图文成片"，如图5-24所示。

在弹出的界面中，点击正文输入框，然后输入我们的旁白文本。如果我们已经在其他软件将旁白文本编辑好了，可以将旁白的文本直接粘贴到图文成片的正文框里面。在"请输入正文"处长按，会弹出如图5-25所示的对话框。

◆ 图5-24

◆ 图5-25

点击"粘贴"，就可以将已复制的文本粘贴到文本框内。然后点击右上角的"完成编辑"，如图5-26所示。

粘贴完成后选中左下角的"智能匹配素材"，然后点击"生成视频"，如图5-27所示。

◆ 图5-26

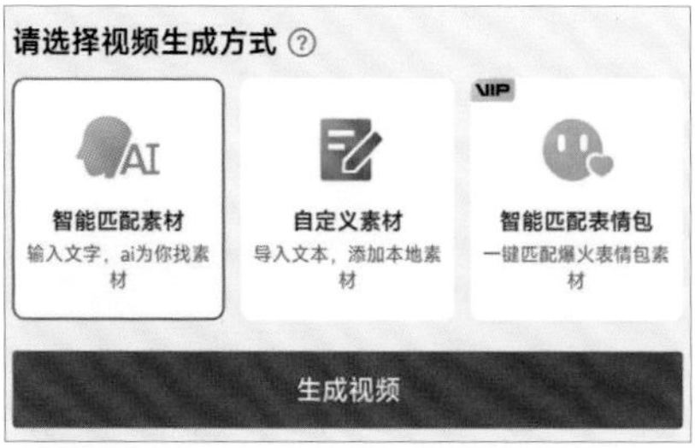

◆ 图5-27

剪映会根据我们录入的文字来生成一段视频，视频的长度和我们文字的长度有关。文字越长，所生成的视频长度越长，相应的需要耗费的时间也就越长。我们也不能无限添加文字，剪映的限制是最多3000个字符。

视频生成完成后，点击屏幕右上角的"导出"，将生成的视频导出到我们的相册里面，如图5-28所示。

◆ 图5-28

等待一段时间，剪映导出完成后，我们点击屏幕下方的"完成"，如图5-29所示。

这时候我们就可以从相册里看到导出的视频了。为方便后期的剪辑处理，我们可以将旁白分段处理来生成视频。下一步就是把旁白的音频导入到我们的作品里面了。打开要导入旁白的作品，然后点击"音频"，在弹出的界面点击"提取音乐"，如图5-30所示。

在弹出的界面中选择我们刚刚生成的视频，然后点击屏幕下方的"仅导入视频的声音"，就可以将系统生成的旁白导入到我们的作品中了。

◆ 图5-29

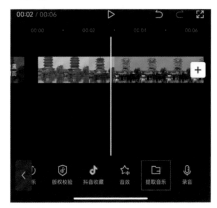

◆ 图5-30

04 数字人朗读旁白

数字人朗读旁白是指利用人工智能技术，将文字转换成语音的一种技术。这种技术通过模拟人类语音的发音、语调、节奏等特征，生成逼真的人类语音。数字人朗读旁白的应用非常广泛，在电影、电视、广告、游戏等领域中，它可以为观众提供沉浸式的体验。

数字人朗读旁白的优点在于它能够快速、准确地将文本转换为语音。传统的语音合成技术需要人工录制和编辑语音样本，而数字人朗读旁白则通过机器学习算法自动生成语音。这不仅提高了效率，而且降低了成本。此外，数字人朗读旁白还可以根据不同的需求调整语音的音调、语速、音量等参数，以满足不同的场景需求。

剪映App中利用数字人朗读智能文案

打开一段视频并添加一段旁白内容，这里可以使用智能文案帮我们写旁白，点击工具栏中的"文本"，如图5-31所示，点击"智能文案"，如图5-32所示，在文本框中输入"写一篇文案"，点击发送，如图5-33所示。

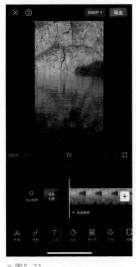

◆ 图5-31　　　　　　　◆ 图5-32

◆ 图5-33

等待一段时间后便会生成一段文案，如果认为写得有问题可以点击"下一个"；如果认为写得还不错则点击"确认"，如图5-34所示。这时会弹出3个选项，即"仅添加文本""添加文本同时文本朗读""添加文本同时数字人朗读"，选择"添加文本同时数字人朗读"，然后点击"添加至轨道"，如图5-35所示，选择一个喜欢的数字人形象，点击"√"，如图5-36所示。

◆ 图5-34

◆ 图5-35

◆ 图5-36

可以看到轨道中已添加了文本的轨道，如图5-37所示。还可以在画面上移动文本位置，让它位于视频下方，不遮挡画面。点击"返回"图标，如图5-38所示，退出文本编辑界面。此时数字人遮挡了画面，将时间线移动到视频的开始处，点击时间线上方的数字人图标，如图5-39所示。

◆ 图5-37　　　　　　　　　　◆ 图5-38　　　　　　　　　　◆ 图5-39

　　此时可以打开数字人轨道，双指同时向内滑动可以缩小数字人，然后将其移动到画面的右下角，如图5-40所示。操作完毕，点击右上角的"导出"即可导出视频。

◆ 图5-40

剪映专业版中数字人的调用方法

点击媒体素材区中的"文本",点击"新建文本",点击"+"将本文添加到轨道中,如图5-41所示。

在文本框中输入"剪映专业版中数字人的调用方法",然后点击"数字人",如图5-42所示。

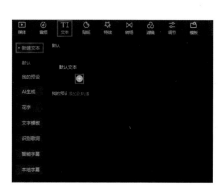

◆ 图5-41

◆ 图5-42

选择一个喜欢的形象,点击"添加数字人",如图5-43所示。

此时轨道如图5-44所示,我们同样可以调整文本的位置以及数字人的大小,然后导出视频即可。

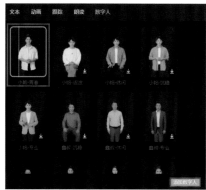

◆ 图5-43

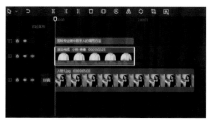

◆ 图5-44

05 对音频进行个性化处理

添加音效

◆ 图5-45

　　剪映App里有各种各样的音效，抖音短视频里常见的热门音效都可以在这里找到。在音频界面点击"音效"，如图5-45所示。

　　点击"音效"后，会出现如图5-46所示的界面。

◆ 图5-46

　　剪映App根据声音效果提供了详细的分类以方便我们使用。点击对应的标签即可切换到相应的分类。点击音效的名称就可以进行下载和效果试听。下载完成的音效右侧有一个"使用"的图标。点击"使用"就可以将其添加到素材中。

　　没有下载到手机的音效，会在最右侧有一个"下载"的图标。如果我们想要将其添加到素材中，需要先进行下载。这时候点击"下载"图标即可。点击音效名称右侧的"五角星"图标，可以将音效收藏，收藏过的音效后面的五角星会变成黄色实心，并出现在"收藏"这个标签里，如图5-47所示。

◆ 图5-47

以后需要使用的时候就可以直接在"收藏"标签里查找并使用。如果不想逐个浏览，也可以根据自己的目的直接输入相关的关键词进行搜索，如图5-48所示。

音效要根据需要来使用，如果我们做一个比较长的视频，片段之间过渡很自然，就不需要设置音效。如果我们使用很多短小的素材组成一个长视频，转场时有音效就是一个比较好的选择。

音效里面常用的有综艺音效，例如笑声、鼓掌声等。我们看喜剧时，常听到的人群大笑背景音效就可以在这里找到，如图5-49所示。

◆ 图5-48

◆ 图5-49

有时候我们录制的环境音比较嘈杂，很难录到清晰的风声、鸟声、雨声，或者这些声音被其他声音所干扰。这时候可以在"环境音"里找到相关的素材，点击对应的名称来进行试听。选定后，点击右侧的"使用"就可以将其应用到我们的素材里面了，如图5-50所示。

◆ 图5-50

添加音频后，所添加音频片段的长度可能和我们的视频素材片段的长度不一样。如果音频比视频长，我们可以通过和视频素材同样的方式来进行分割并删除不需要的音频。选中要处理的音频，然后点击屏幕下方的"分割"，如图5-51所示。

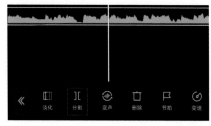

◆ 图5-51

实现音频的淡入和淡出

为避免声音突然地转换显得突兀，或者声音音量突然变大给人一种很突然的感觉，我们可以使用淡入和淡出功能来处理一下。点击音频，然后点击"淡化"，如图5-52所示。

在弹出的界面中可以设置淡入时长和淡出时长，如图5-53所示。

◆ 图5-52

◆ 图5-53

设置淡入时长和淡出时长后，音频轨道会有相应的界面来表示。

左侧是淡入效果的标识，右侧是淡出效果的标识，如图5-54所示。

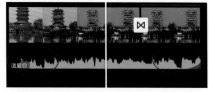

◆ 图5-54

设置音频变声

我们在抖音上听到的各种奇怪的变声基本上都是通过这个功能来处理的。选中要处理的视频素材，然后点击屏幕下方的"变声"，如图5-55所示。

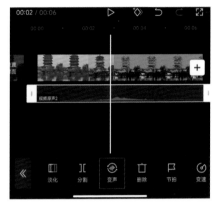

◆ 图5-55

弹出的变声界面如图5-56所示。

剪映将变声效果分成了4类，分别是：基础、搞笑、合成器、复古。常用的是基础和搞笑。

我们以基础中的女生为例，来进行介绍。进入变声后，默认处在基础分类下，向左滑动，然后点击"女生"，如图5-57所示。

◆ 图5-56

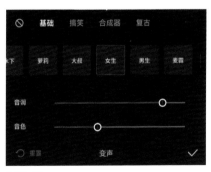

◆ 图5-57

我们可以根据自己的需要调整声音的音调和音色。如果不满意，还可以点击左下角的"重置"图标，音调和音色选项会恢复为默认值。调整完成后，点击右下角的"√"即可。每个变声效果的设置选项都不一样，可以点击后自己调整进行试听。

应用了变声的效果后，剪映会在视频素材轨道上显示已经使用的变声效果，如图5-58所示。

如果还想使用其他变声效果，可以逐个点击试听来确认效果并使用。

◆ 图5-58

剪映专业版中对音频进行个性化处理的方法

点击音频，然后在属性调节区调整音频的淡入时长和淡出时长，将其都调整为0.5s左右，如图5-59所示。

◆ 图5-59

设置淡入时长和淡出时长后，音频轨道会有相应的界面来表示。左侧是淡入效果的标识，右侧是淡出效果的标识，如图5-60所示。

◆ 图5-60

接下来讲一下声音的变声处理。选中要处理的素材，然后勾选属性调节区"音频"标签中的"变声"，如图5-61所示。

点击变声下方的下拉框，可以弹出变声的选项，如图5-62所示。

我们以"女生"为例来进行介绍。选中"女生"后，属性调节区界面如图5-63所示。

◆ 图5-61

我们可以根据自己的需要对音调和音色进行调整。如果不满意，还可以点击变声右侧的"重置"图标，音调和音色的选项会恢复为默认值。每个变声效果的设置选项都不一样，可以点击后自己进行试听。

◆ 图5-62

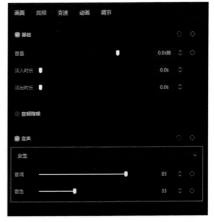

◆ 图5-63

调色
让视频画质飞升

　　拍摄素材时，由于条件的限制，可能会出现画面效果不是很完美的情况。这时我们可以使用剪映提供的画面调节工具来对画面进行后期处理。滤镜可以让图像实现各种特殊效果，让画面取得最佳的艺术效果。本章主要介绍如何使用滤镜对画面进行调色，让视频的画质得到提升。

01 学习调色从
认识色调开始

明确调色目的

在视频剪辑的过程中，明确调色的目的至关重要。调色的目的通常是为了优化或强化视频的某些元素，以获得更佳的视觉效果和观众满意度。以下是一些常见的调色目标。

情感表达：通过调色，可以表达出特定的情感或氛围。以暖色调为例，它可以有效地传达温馨、感人的情感氛围，为观众带来温暖和舒适的感受。而冷色调则能表达出冷静、神秘的情感，为作品增添一份深沉和神秘的色彩。这种通过色彩来传达情感的手法，是我们在创作过程中需要掌握的重要技巧之一。

强调主题：通过色彩调整，可以有效地强调视频的主题或重点。例如，在展现风景的视频中，通过增强天空的色彩饱和度，可以更加鲜明地展现出天空的美丽，从而突出整个视频的主题。

增强视觉冲击力：在视频制作过程中，调色是一项至关重要的技术，它可以显著增强视频的视觉效果，从而更好地吸引观众的注意力。例如，在商业广告中，为了迅速抓住观众的眼球，通常会采用色彩饱和度较高的色彩方案，以产生强烈的视觉冲击力。这种处理方式能够使广告内容更加突出，提高观众的观看体验。

确保色彩的真实性：在特定情境下，调色的主要目标是为了最大限度地呈现真实色彩，尤其是在新闻报道和纪录片中。

总之，在剪辑视频时，明确调色的目的可以帮助我们更好地选择调色工具和方法，以达到更好的效果。

如何确定画面整体基调

确定画面整体基调是剪辑视频的重要步骤之一，它能够为整个视频定下情感和氛围的基调。以下是一些确定画面整体基调的方法。

理解主题和情感：在开始剪辑之前，深入理解视频的主题和要表达的情感是至关重要的。思考一下视频的主题是什么，以及要传达什么样的情感或氛围，这将有助于确定视频整体的色调和视觉风格。

参考样片：如果已经有一些类似的样片，可以用来比较和参考。观察样片的色调、色彩和视觉效果，并尝试在自己的视频中模仿或借鉴这些元素。

色彩搭配：选择合适的色彩搭配是确定画面整体基调的关键。考虑使用与主题和情感相匹配的颜色，并确保色彩之间的协调和平衡。可以根据需要选择暖色调、冷色调或中性色调。

调整亮度、对比度和饱和度：这些基本的图像调整参数将直接影响画面的整体基调。通过调整亮度、对比度和饱和度，可以创造出明亮、暗淡、柔和或鲜艳的整体效果。

参考音乐和声音效果：音乐和声音效果也是传达情感的重要元素。选择与主题和情感相匹配的音乐和声音效果，并确保它们与画面整体基调相协调。

尝试和调整：在确定了初步的画面整体基调后，可以进行尝试和调整。观察整体效果是否符合预期，并根据需要进行微调。有时候需要反复尝试和调整才能达到最佳效果。

总结来说，确定画面整体基调需要深入理解主题和情感，选择合适的色彩搭配、调整基本的图像参数、参考音乐和声音效果，并进行尝试和调整。通过这些方法，可以创造出与主题和情感相匹配的整体效果，为观众带来更好的视觉体验。

剪辑视频时如何确定画面风格

在视频剪辑的过程中，选择合适的画面风格是至关重要的环节。画面风格不仅决定了视频的视觉呈现效果，还直接影响观众的观感体验。因此，我们需要慎重考虑和挑选适合的风格。以下是一些关于如何确定画面风格的建议。

1. 了解视频类型和主题

首先，要了解视频的类型和主题。不同类型的视频有不同的画面风格，例如纪录片需要真实、自然的效果，而商业广告则需要具有冲击力和创意。因此，要根据视频的类型和主题来确定画面风格。

2. 参考优秀作品

观看其他优秀的视频作品可以帮助你了解不同的画面风格，并从中获取灵感。可以通过搜索相关主题或类型的视频，也可以查看专业影视作品推荐平台，找到适合自己的画面风格。

3. 注重画面构图

画面构图是确定画面风格的关键因素之一。通过合理运用景别、角度、镜头运动等构图元素，可以营造出不同的视觉效果。例如，采用低角度拍摄可以营造出压抑、紧张的氛围，而高角度拍摄则可以营造出开阔、宏伟的感觉。

4. 调整色彩和光线

色彩和光线也是确定画面风格的重要因素。通过调整色彩和运用光线，可以营造出不同的氛围和情感。例如，暖色调可以营造出温馨、舒适的感觉，而冷色调则可以营造出冷漠、神秘的感觉。

5. 运用特效和滤镜

特效和滤镜也是确定画面风格的重要手段。通过运用合适的特效和滤镜，可以让画面更加生动、有趣或富有创意。但要注意不要过度使用特效和滤镜，以免影响画面的真实感和观感。

总之，确定画面风格需要综合考虑多种因素，包括视频类型、主题、构图、色彩、光线、特效和滤镜等。通过认真思考和实践，你可以创作出具有独特视觉效果的优秀视频作品。

02 剪映 App 中的画面调节

打开剪映App，然后打开需要编辑的素材，就可以在屏幕下方找到"滤镜"，如图6-1所示。

点击"滤镜"后，会弹出滤镜的详细设置界面，如图6-2所示。

下面分别从滤镜、调节、画质三部分讲解一下各部分功能如何使用。

◆ 图6-1

◆ 图6-2

滤镜

滤镜是各种参数已经设置好的画面调节选项。我们可以直接将滤镜效果应用到素材中，省去了逐项设置的复杂步骤。剪映根据不同的画面调节偏好以及适用的场景，将滤镜分成了许多种类，点击对应的文字即可跳转到对应的分类。比如风景类的素材，可以直接从风景类的滤镜中来寻找适合素材的滤镜风格，如图6-3所示。

◆ 图6-3

156

我们还可以通过滑杆调节滤镜的强度。滑杆越靠右，风格感越强烈。如果不想应用当前的滤镜效果，可以点击左上角的"取消"图标来取消所有的滤镜设置。

我们还可以点击"取消"右侧的"管理分类"来对界面显示的滤镜分类进行管理，点击"管理分类"后的界面如图6-4所示。

◆ 图6-4

可以点击分类图标右上角的"－"来取消这个分类在剪映界面中的显示。如果需要恢复显示，可以点击屏幕下方的"已移除分类"来查看已经被移除的分类，找到我们需要恢复显示的分类图标，点击图标右上角的"＋"，将其添加到我的分类中。

如果在剪映提供的分类列表中找不到我们需要的滤镜风格，还可以通过滤镜商店来继续寻找。滤镜商店在滤镜效果栏的最左侧，一个商店样式的图标，点击后会出现如图6-5所示的界面。

点击对应的图标就可以进入滤镜的详细界面，虽然说是滤镜商店，但是目前剪映还没有相关的收费政策。以图6-5中的"蓝色幻想"滤镜为示例，我们点击该图标后，会出现如图6-6所示的界面。

◆ 图6-5

◆ 图6-6

　　此时显示的画面是使用滤镜后的效果。长按画面，此时画面会显示未使用滤镜的效果。我们可以通过这个功能来查看使用滤镜前后的对比效果。如果喜欢这个滤镜效果，可以点击画面右下角的"收藏"将这个滤镜收藏。收藏后，会显示"已收藏"。后续我们可以直接在滤镜的收藏类别中找到这个滤镜，方便后续使用。

　　预览框下方有3个不同名字的滤镜风格，说明这个栏目下有3个滤镜风格。如果我们都想使用，可以直接点击屏幕下方的"添加全部到滤镜面板"。添加后，滤镜面板会出现一个当前的滤镜标签，和滤镜商店的名字一致，如图6-7所示。

◆ 图6-7

　　选取最终的滤镜效果并确定后，可以点击右下角的"√"来应用滤镜效果。应用后会在剪辑轨道上出现单独的滤镜轨道，如图6-8所示。

◆ 图6-8

调节

如果我们不满足于现有的滤镜效果，还可以自己调整视频的各种参数来实现想要的效果。可以使用滤镜中的"调节"功能，如图6-9所示。下面逐项进行讲解。

◆ 图6-9

智能调色：这是剪映VIP才可以使用的功能，这个功能可以智能调节画面的颜色。

亮度：调整整个画面的明暗程度，向左为调低亮度，向右为调高亮度。

对比度：调整画面的对比度。调高对比度可以使画面中亮处和暗处的差异度提高。

饱和度：调整饱和度可以调整画面中颜色的纯度。饱和度越高，颜色纯度越高，常见的美食画面一般都是高饱和度的画面。

光感：类似于相机的饱和度，调高光感画面会出现曝光过度的效果，调低光感画面会出现曝光不足的效果。

锐化：可以调整画面的清晰度。但是锐化程度过高会出现锯齿状的效果，这个需要在调整时多留意。

HSL：对画面中各种色彩的色相、饱和度和亮度进行调节。可以对每个颜色分别进行调节。

曲线：可以调整组成颜色的三原色的曲线。可以选择调整所有颜色，或调整单个颜色。在曲线上面点击，可以增加调节点。

高光：调整画面的高光部分。向右拖动增强高光效果，画面会整体变亮，向左拖动会减弱高光效果，画面会整体变暗。

阴影：可以调节画面中物体的阴影效果。处理阳光下有阴影的画面时，可以看到比较明显的效果。

色温：调整画面的色温，向右调整提高画面的色温，画面会偏黄，向左调整降低画面的色温，画面会偏蓝。

色调：调整画面的色调。向右调整时画面偏明快色调，向左调整时画面偏冷暗色调。

褪色：调整画面的褪色效果。数值越高，褪色效果越明显。

暗角：在中间向右滑动，会在画面的四周生成比较暗的角落。在中间向左滑动，会在画面的四周产生比较亮的角落。

颗粒：增加画面的颗粒感，一般用在天空或水面等简单的画面上效果比较明显。

画质

如果我们在拍摄的时候有部分画面的质量不是很好，可以通过滤镜功能中的"画质"选项来进行优化。在滤镜界面点击"画质"，出现的画面如图6-10所示。

◆ 图6-10

"去闪烁"功能主要针对我们在拍摄屏幕时，因屏幕刷新率问题导致的画面闪烁。

"噪点消除"主要针对我们在录制亮度较低的画面时，因感光器件的限制而导致的画面噪点。

目前剪映App只提供了这两个画质优化的功能。相信随着日后的版本更新，会提供更多的功能供我们选择。

03 剪映专业版中的画面调节

拍摄素材的时候，由于条件的限制，可能会出现画面效果不是很完美的情况。这时候我们可以使用剪映专业版提供的画面调节工具来进行后期处理。

打开剪映，导入素材，如图6-11所示。

◆ 图6-11

下面分别从滤镜、调节、画质三部分讲解一下各部分的功能如何使用。

滤镜

点击媒体素材区的"滤镜"后，会弹出如图6-12所示的滤镜的详细设置界面。

◆ 图6-12

滤镜是各种参数已经设置好的画面调节选项。我们可以直接将滤镜效果应用到素材中，省去了逐项设置的复杂步骤。剪映专业版根据不同的画面调节偏好以及适用的场景，将滤镜分成了许多种类。点击对应的文字即可跳转到对应的分类。比如风景类的素材，我们可以直接从风景类的滤镜中寻找适合素材的滤镜风格，如图6-13所示。

我们选择其中一个滤镜，等待下载完成，点击滤镜右下角的"+"，将它应用到剪辑中，剪辑中就会出现一个滤镜轨道，如图6-14所示。

◆ 图6-13

◆ 图6-14

　　此时我们可以通过属性调节区的滑杆来调节滤镜的强度。滑杆越靠右，风格感越强烈。

调节

如果不满足于现有的滤镜效果，我们可以使用属性调节区的"调节"功能自己调整视频的各种参数来实现想要的效果。选中视频素材，点击属性调节区的"调节"，调节功能分为基础、HSL、曲线、色轮4个模块。基础的调节功能如图6-15和图6-16所示。下面逐项进行讲解。

◆ 图6-15　　　　　　　　　　　　　　　　　　　　　　◆ 图6-16

智能调色：这个功能可以智能调节画面的颜色，开启后我们可以根据播放器区的预览效果来调整智能调色的强度。

LUT：LUT（Lookup Table）是一种广泛用于计算机图形学和色彩校正的工具。它是一张包含了输入输出数值对应关系的表格，可以将颜色从一种空间映射到另一种空间。通过 LUT，我们可以将一组输入值映射为一组输出值，从而实现图像或视频的颜色、色调等方面的调整。可以从其他网站下载LUT文件导入到剪映中，然后就可以在这个界面应用LUT来调整画面。

色彩调整部分包含色温、色调和饱和度3个项目。

色温：调整画面的色温。向右调整提高画面的色温，画面会变偏黄。向左调整降低画面的色温，画面会偏蓝。

色调：调整画面的色调。向右调整时色调偏明快，向左调整时色调偏冷暗。

饱和度：调整画面中颜色的纯度。饱和度越高，颜色纯度越高。

明度调整部分包含亮度、对比度、高光、阴影、光感5个项目。

亮度：调整整个画面的明暗程度。向左为调低亮度，向右为调高亮度。

对比度：调整画面的对比度。调高对比度可以使画面中亮处和暗处的差异度提高。

高光：调整画面的高光部分。向右拖动增强高光效果，画面会整体变亮。向左拖动会减弱高光效果，画面会整体变暗。

阴影：调节画面中物体的阴影效果。处理阳光下有阴影的画面时可以看到比较明显的效果。

光感：类似于相机的饱和度，调高光感画面会出现曝光过度的效果，调低光感画面会出现曝光不足的效果。

效果调节部分包括锐化、褪色、暗角和颗粒4个项目。

锐化：调整画面的清晰度。但是锐化程度过高会出现锯齿状效果，需要在调整时多留意。

褪色：调整画面的褪色效果。数值越高，褪色效果越明显。

暗角：在中间向右滑动，会在画面的四周生成比较暗的角落。在中间向左滑动，会在画面的四周产生比较亮的角落。

颗粒：增加画面的颗粒感，一般用在天空或水面等简单的画面上效果比较明显。

画质

　　如果我们在拍摄的时候有部分画面的质量不是很好，可以通过属性调节区的"画质"选项来进行优化。选择视频素材，在属性调节区界面拖动画面基础标签右侧的滚动条，拖动到最下方，会出现如图6-17所示的界面。

◆ 图6-17

　　剪映提供了4个提高画质的功能。

　　视频防抖：降低视频画面的抖动，如果我们录制的视频抖动比较厉害，可以尝试下这个选项。

　　超清画质：通过算法可以将视频的清晰度提高。

　　视频降噪：主要针对我们在录制亮度较低的画面时，因为感光器件的限制而导致的画面噪点。勾选这个功能可以进行降噪处理。

　　视频去频闪：主要针对我们在拍摄屏幕时，因屏幕的刷新率问题导致的画面闪烁。

04 多种滤镜 变幻色彩

本节主要介绍如何对视频素材使用滤镜进行调色，以及高清滤镜、美食滤镜、影视级滤镜和Vlog滤镜等九种滤镜风格。

高清滤镜：美化人像

如今，人们对"美"的欣赏越来越细节化。当看到自己赏心悦目的照片时，人们会心情愉悦，从这个角度来说，滤镜对人像的美化起到功不可没的作用。

首先，在剪映中导入素材，使其加入轨道，然后在剪映界面的左上角找到功能区内的"滤镜"，进入"人像"滤镜选项卡，如图6-18所示。

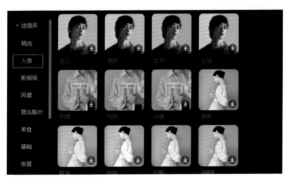

◆ 图6-18

执行上述操作后，根据素材本身和想要达到的效果选择滤镜效果，这里选择的是"奶油"滤镜效果，在预览区域可以看到画面效果，如图6-19所示。

选中滤镜效果后，在素材编辑区拖动白色滑块，适当调整滤镜的应用程度参数，即强度，如图6-20所示。

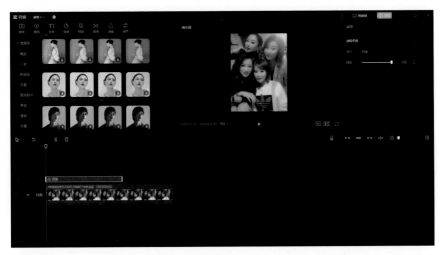

◆ 图6-19

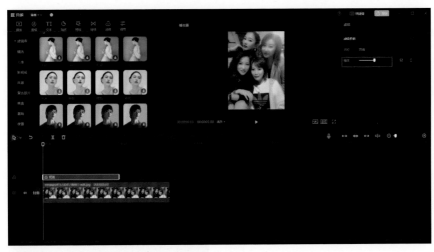

◆ 图6-20

　　也可以多次选择尝试各种滤镜，直到选择到与视频风格相符的滤镜。选择好合适的滤镜后，拖动滤镜轨道左右两侧的白色拉杆直至其与视频素材的时长相同，如图6-21所示。

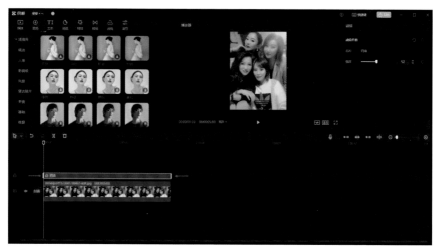

◆ 图6-21

除了能通过滤镜对人像进行美化，还可以通过画面调节进行智能美颜和智能美体等操作，从而实现进一步美化，如图6-22所示。

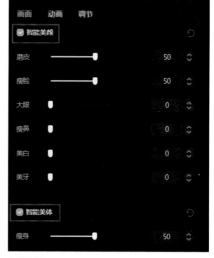

◆ 图6-22

美食滤镜：让食物更加诱人

美食滤镜是剪映中主要用于食物的滤镜，添加美食滤镜能让食物看起来更加诱人。

首先在剪映中导入一段素材，将其加入轨道，然后进入"滤镜"编辑界面，选择"美食"滤镜选项卡，如图6-23所示。

◆ 图6-23

可以根据视频素材多次选择滤镜进行尝试，直到选择出一个与素材最相符的滤镜，让素材中的食物看起来更加美味，如图6-24所示。

◆ 图6-24

此处选择"暖食"滤镜，将其加入到滤镜轨道中，根据需要对滤镜的应用程度参数，即强度进行调整，如图6-25所示。

◆ 图6-25

执行上述操作后，还需调整滤镜的时长，使其与视频的时长一致，保证将滤镜应用到每一帧，如图6-26所示。

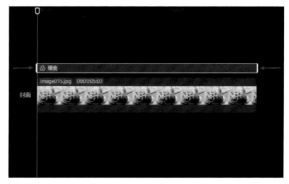

◆ 图6-26

影视级滤镜：多种电影风格任选

在影视作品中大多会使用不同的滤镜，来满足剧情表达的需要。不同的滤镜能够营造出不同的气氛环境，制造出各种情绪与冲突。

首先，在剪映中导入素材，将其加入轨道，然后在剪映界面的左上角找到功能区内的"滤镜"，进入"影视级"滤镜选项卡，如图6-27所示。

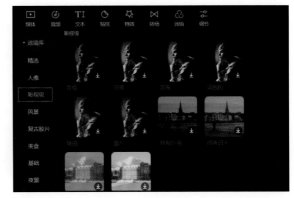

◆ 图6-27

执行上述操作后，根据素材本身和想要达到的效果选择，这里我们选择"高饱和"滤镜效果，在预览区域可以看到画面效果，如图6-28所示。

◆ 图6-28

选中滤镜效果，在素材参数中拖动强度的白色滑块，适当调整滤镜的应用程度参数，如图6-29所示。

◆ 图6-29

172

也可以多次选择尝试各种
滤镜，直到选择到与视频风格
相符的滤镜。选择好合适的滤
镜后，拖动滤镜轨道左右两侧
的白色拉杆直至其与视频素材
的时长相同，如图6-30所示。

◆ 图6-30

风景滤镜：让景色更加鲜活

风景滤镜也是剪映中常用
的一种滤镜，主要用于改变色
调，让风景的颜色变得更加透
亮鲜艳，适用于多种场景。

首先在剪映中导入素材，
将其加入轨道，然后在剪映界
面的左上角找到功能区内的
"滤镜"，进入"风景"滤镜
选项卡，如图6-31所示。

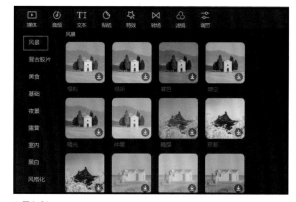

◆ 图6-31

执行上述操作后，根据素材本身和想要达到的效果选择，选择"仲夏"滤镜效果，在预览区域可以看
到画面效果，如图6-32所示。

◆ 图6-32

　　选中滤镜效果，在滤镜参数中去拖动强度的白色滑块，适当调整滤镜的应用程度参数，如图6-33所示。

◆ 图6-33

　　也可以多次选择尝试各种滤镜，直到选择到与视频风格相符的滤镜。选择好合适的滤镜后，拖动滤镜轨道左右两侧的白色拉杆直至其与视频素材拥有相同的时长，如图6-34所示。

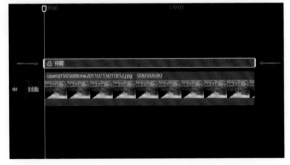

◆ 图6-34

复古胶片滤镜：增强画面怀旧感

复古胶片滤镜能模仿市面上一些相机的色调参数，提供不同的相机色彩，让画面更有格调和质感，让普通设备拍出来的素材拥有专业设备拍出来的高级感。

首先在剪映中导入素材，将其加入轨道，然后在剪映界面的左上角找到功能区内的"滤镜"，进入"复古胶片"滤镜选项卡，如图6-35所示。

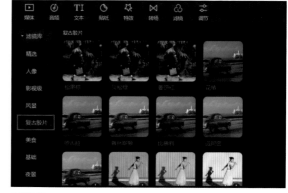

◆ 图6-35

执行上述操作后，根据素材本身和想要达到的效果选择，这里我们选择"普林斯顿"滤镜效果，在预览区域可以看到画面效果，如图6-36所示。

◆ 图6-36

选中滤镜效果后，在滤镜参数中去拖动强度的白色滑块，适当调整滤镜的应用程度参数，如图6-37所示。

◆ 图6-37

也可以多次选择尝试各种滤镜，直到选择到与视频风格相符的滤镜。选择好合适的滤镜后，拖动滤镜轨道左右两侧的白色拉杆，直至其与视频素材拥有相同的时长，如图6-38所示。

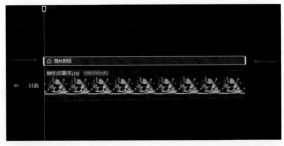

◆ 图6-38

夜景滤镜：浪漫夜色

夜景中暗背景亮主体的相互映衬，具有类似高反差的特点，夜景中会受到一些环境光的影响，此时可以使用剪映中的"夜景"滤镜，来降低环境光并提高对比度，让夜景更加清晰。

首先在剪映中导入素材，将其加入轨道，然后在剪映界面的左上角找到功能区内的"滤镜"，进入"夜景"滤镜选项卡，如图6-39所示。

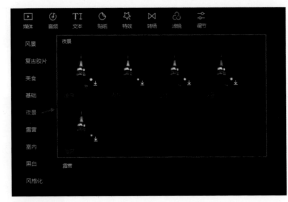

◆ 图6-39

执行上述操作后，根据素材本身和想要达到的效果选择，选择"暖黄"滤镜效果，在预览区域可以看到画面效果，如图6-40所示。

◆ 图6-40

选中滤镜效果，在滤镜参数中去拖动强度的白色滑块，适当调整滤镜的应用程度参数，如图6-41所示。

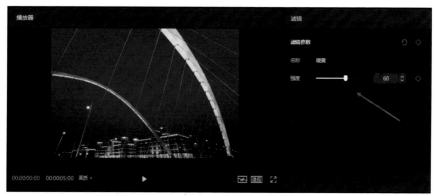

◆ 图6-41

也可以多次选择尝试各种滤镜，直到选择到与视频风格相符的滤镜。选择好合适的滤镜后，拖动滤镜轨道左右两侧的白色拉杆，直至其与视频素材拥有相同的时长，如图6-42所示。

◆ 图6-42

风格化滤镜：凸显个性化

个性化，顾名思义，就是非一般大众化的东西。在大众化的基础上增加独特性，使其独具一格，打造一种与众不同的效果。风格化滤镜是剪映中较为酷炫的一款滤镜，主要用于制作一些凸显个性化的视频。

◆ 图6-43

首先，在剪映中导入素材，将其加入轨道，然后在剪映界面的左上角找到功能区内的"滤镜"，进入"风格化"滤镜选项卡，如图6-43所示。

执行上述操作后，根据素材本身和想要达到的效果，选择"赛博朋克"滤镜效果，在预览区域可以看到画面效果，如图6-44所示。

◆ 图6-44

选中滤镜效果，在滤镜参数中拖动强度的白色滑块，适当调整滤镜的应用程度参数，如图6-45所示。

也可以多次选择尝试各种滤镜，直到选择到与视频风格相符的滤镜。选择好合适的滤镜后，拖动滤镜轨道左右两侧的白色拉杆，直至其与视频素材拥有相同的时长，如图6-46所示。

◆ 图6-45

◆ 图6-46

● 打造别具一格的
视觉呈现

　　画中画是剪映中我们需要经常用到的一种视频功能。通过两个或多个画面叠加，达到同一窗口播放不同画面的效果。我们还可以通过这个功能和画面裁切功能来制作很多特效。

　　抠像也是视频素材剪辑处理中常用的工具之一，是把图片或视频的某一部分分离出来，成为单独的部分。

　　本章主要介绍下这两个工具的功能和基本操作。

01 "画中画"功能 让画面活起来

　　"画中画"功能可以让您在同一屏幕上同时展示多个视频画面。一般视频素材都是单个镜头录制的画面，如果我们想在同一个画面中显示更加丰富的内容，此时可以把其他镜头拍摄的画面也插入到当前画面。这不仅可以增加观赏的趣味性，还能在同时对比不同内容时提供极大的便利，这个就是剪映画中画功能的用处。

　　下面首先介绍如何利用画中画功能插入黑屏。

插入黑屏

　　有时候为了素材的过渡，我们需要显示一段黑屏。如果我们点击并拖动当前素材后面的素材，你会发现只能调整顺序，剪映不会在两段素材之间插入空白素材或者黑屏。这时候我们可以利用画中画功能来将素材中间的空白拉大，实现黑屏效果。点击要插入黑屏处后面的素材，然后点击"切画中画"，如图7-1所示。

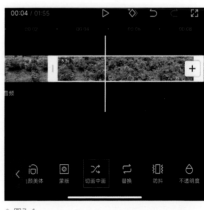

◆ 图7-1

　　此时素材会移到主轨道下方，单独形成一个轨道，如图7-2所示。

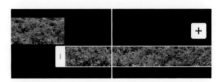

◆ 图7-2

选中下方轨道中的视频素材后，长按并向后拖动，此时两个素材中间空出来没有任何素材的部分，如图7-3所示。

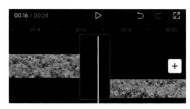

◆ 图7-3

由于这个部分没有任何视频素材，剪映在处理这段空白时间时会生成黑屏来保证视频的连续性，这就达到了我们所需要的黑屏效果。我们可以拖动下方的视频素材来控制黑屏的时长。

上面讲的是如何利用画中画功能来实现黑屏，除此之外还有一个办法，就是直接插入一个纯黑背景的素材。可以在素材库热门中找到，点击要插入黑屏的素材片段，然后点击"+"，在素材库中找到黑屏素材，如图7-4所示。

◆ 图7-4

点击素材右上方的小圆圈，然后点击屏幕右下角的"添加"图标，就可以把黑屏素材添加到我们的剪辑中了。

剪映轨道显示逻辑

剪映轨道的显示逻辑是下面轨道的画面会显示在上面轨道画面的上方，跟部分软件的图层显示逻辑是相反的，如图7-5所示。

白背景的轨道位于主视频轨道的下方，但是白背景显示在画面的上方。如果有多个轨道，那么最下方的轨道的画面是显示在最上方的。

◆ 图7-5

显示层级的调整

当有多个轨道时，如果我们不想按照默认的画面层级显示，也不想移动视频轨道，可以通过调整层级的方式来改变画面的显示。

展开轨道后，选择任一主轨道下面的轨道，点击"层级"，如图7-6所示，此时会出现如图7-7所示的画面。

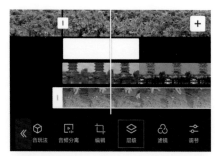

◆ 图7-6

◆ 图7-7

调整层级有两种方法。一是可以长按并拖动预览框来调整层级，靠左的预览框内的素材显示在靠右的预览框内素材的上层。二是可以直接选中预览框，然后点击左侧的"置顶"，或者点击右侧的"底部"。这种操作适合快速将图层进行置顶和置底操作。

调整层级默认是调整画中画之间的图层，如图7-8所示。如果需要连同主轨道的素材一起调整，可以点击右上角的"全部轨道"。

需要注意的是，显示层级调整后，轨道的位置不会变化。

◆ 图7-8

主轨道和画中画轨道的切换操作

选中主轨道素材，然后点击"切画中画"，即
可将素材切换至画中画轨道。选中要切回到主轨道
的画中画素材，然后点击"切主轨"，如图7-9所
示，即可切换回来。

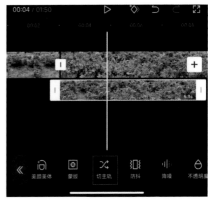

◆ 图7-9

新增画中画

有两种方式可以给素材添加画中画轨道。

将当前轨道上的素材作为画中画使用，只有主轨道上的素材才会有切画中画选项。选中需要用作画中
画素材的视频，然后点击"切画中画"。

插入新的画中画素材，直接拖动主轨道素材，使时间轴处在需要插入画中画的位置，然后拖动屏幕下
方的工具条，点击屏幕下方的"画中画"，如图7-10所示。

继续点击"新增画中画"，如图7-11所示。

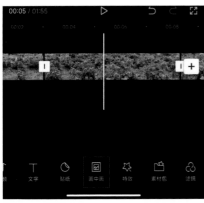

◆ 图7-10

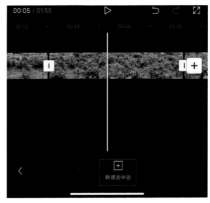

◆ 图7-11

此时就会出现添加素材的界面。我们可以从本机上的照片视频、剪映云、素材库中选择。可以一次选择多个素材进行添加，要注意的是，选中的多个素材不是位于同一轨道，而是每个选中的素材单独占用一个轨道。

当我们退出剪辑界面，然后在草稿中再次进入剪辑界面时，剪辑中的画中画轨道会自动隐藏起来，如图7-12所示。

如果需要编辑画中画的素材，可以点击主轨道上的气泡来显示画中画轨道。

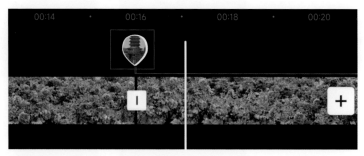

◆ 图7-12

02 三种抠像功能

有时候我们只需要将素材中的部分画面添加到视频中，例如我们需要插入一个人像，但是人像后面的背景我们并不需要，这时候就可以使用剪映的抠像功能来实现。

选中需要抠像的视频片段，然后点击屏幕下方的"抠像"，如图7-13所示。

点击按钮后弹出的界面如图7-14所示。

剪映提供了3种抠像的选项，分别是智能抠像、自定义抠像和色度抠图。

"智能抠像"功能利用先进的算法和计算机视觉技术，自动识别图像中的边缘和轮廓，从而实现快速、准确的抠像效果。这一功能特别适用于需要快速处理大量图像的场景，例如广告设计、影视制作等。

"自定义抠像"功能允许用户对抠像效果进行精细的调整，包括边缘处理、颜色匹配等，以达到最佳的合成效果。

"色度抠图"功能则利用色彩信息来分离图像中的主体。通过选择特定的颜色范围或调整颜色的饱和度、亮度等参数，用户可以轻松地分离出图像中的特定部分。这一功能在处理具有复杂背景或光线变化的图像时特别有效。

◆ 图7-13　　　　◆ 图7-14

智能抠像

智能抠像是一种无需我们干预的抠像方式，选中要抠像的素材后，点击"智能抠像"，即可完成图像的抠像。

选中我们需要抠像的素材，点击"抠像"，在弹出的界面中点击"智能抠像"即可。如果想取消抠像效果，可以在智能抠像界面点击"关闭抠像"，如图7-15所示。

◆ 图7-15

　　智能抠像适用于背景单一，需要抠像的主体和背景区别比较明显，或者主体的轮廓比较清晰的情况。

　　抠像完成后，还可以使用"抠像描边"功能，点击"抠像描边"，会出现如图7-16所示的界面。

◆ 图7-16

　　我们可以选择模板对抠完的图像进行描边，选择模板后，可以设置描边的颜色。除此之外，还可以通过拖动下方的滑杆来设置描边的大小和透明度。

自定义抠像

　　如果需要抠图的对象和背景画面之间没有明显的区别，或者需要抠图的对象特征不是很明显，这时候智能抠图就无法准确抠取我们需要的图像。这时可以通过自定义抠像来实现画面的抠图。选中要抠像的素材，点击"抠像"，然后点击"自定义抠像"，就可以出现如图7-17所示的界面。

　　自定义抠像提供了3个工具，分别是快速画笔、画笔和擦除。快速画笔或者画笔在屏幕上画过

◆ 图7-17

的区域会变成浅红色的半透明幕布覆盖在原图上。这个浅红色的半透明幕布覆盖的区域就是剪映要进行抠像的主体。通过这3个工具，使浅红色的半透明幕布完全覆盖我们要抠像的区域。这样剪映就会抠出我们需要的画面。

　　快速画笔：类似于Photoshop中的魔棒工具。快速画笔可以帮我们快速智能地选定要抠取的图像。使用快速画笔大致勾勒出要抠像的区域后，快速画笔会自动帮我们填充未画中的区域。

　　画笔：对于边界比较模糊的图像，快速画笔有时候容易漏选或者多选要抠像的区域，这时我们可以使用画笔来自己选择需要抠像的区域。剪映会根据我们画笔画过的区域来进行抠像。

擦除： 有时候我们不小心把抠像的区域扩大了，或者不小心用画笔多画了一点，可以点击擦除工具，对抠像主体外的区域进行擦除。

我们的操作都是在预览区域进行的，预览区域界面如图7-18所示。

为方便我们对抠像主体精确描边，剪映在我们使用画笔工具进行描边的时候，会在画笔旁边生成一个局部区域的放大图。另外，描边完成后，还可以点击预览窗口右下角的"眼睛"图标来预览抠像的效果。

◆ 图7-18

色度抠图

如果要抠像主体的背景画面为纯色或者接近纯色，我们可以使用剪映提供的色度抠图工具。 选中要抠像的素材，点击"抠像"，然后点击"色度抠图"，此时会出现色度抠图的界面，如图7-19所示。

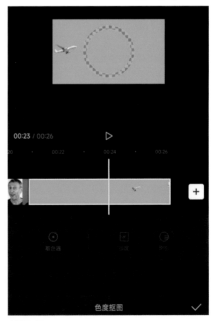

◆ 图7-19

刚进入界面的时候，预览窗口的取色器默认是没有选择任何颜色的，此时取色器的外圈被格子图填满，下面的强度和阴影选项也是灰色的。我们需要移动取色器，取出需要扣掉的背景的颜色。移动后，取色器的圆环颜色就是我们选取的颜色。这时我们也可以调整下面的强度和阴影选项来调整抠像的参数了，如图7-20所示。

强度为0的时候是不进行抠像操作，向右拖动滑杆，此时可以在预览窗口内看到抠像效果。阴影是用来调节主体抠像完成后的阴影，选择阴影后，拖动滑杆来进行调整即可。

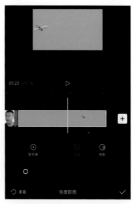

◆ 图7-20

剪映专业版中的抠像功能

色度抠图

打开剪映专业版，点击开始创作进入剪辑界面，然后点击媒体素材区左侧的素材库，选择一个绿幕素材，等待剪映下载完成后，点击右下角的"+"将素材添加到剪辑中，如图7-21所示。

◆ 图7-21

　　这里我们选择卡通恐龙的绿幕素材，可以在绿幕分类区中找到它，或者在搜索栏输入"卡通恐龙"也可以找到这个素材。选中这段素材，点击属性调节区"画面"调节选项下的"抠像"，会出现抠像的操作界面，然后在抠像的操作界面中选择"色度抠图"，如图7-22所示。

　　此时取色器右边的吸管图标是灰色的，点击吸管图标使它变亮，如图7-23所示。

◆ 图7-22

◆ 图7-23

　　移动鼠标到播放器区，此时鼠标变为一个中心有一个小方块的圆环标志，图7-24所示。

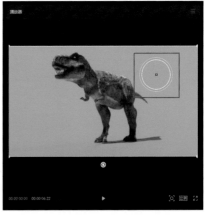

◆ 图7-24

小方块的位置就是我们取色的位置，圆环的颜色显示我们取色器取出的颜色。选取我们要抠掉的颜色后，点击鼠标左键，这时鼠标变回正常形状，属性调节区吸管位置的右侧显示我们取出的颜色，如图7-25所示。

我们还可以通过下面的强度和阴影来调整抠像的参数，左侧的播放器区会实时显示抠像的结果。在这个实例中，我们将强度调整为70，阴影调整为30，调整完成后如图7-26所示。可以看出此时已经成功完成了抠像操作。不同的素材适用的强度和阴影值都不同，可以根据实际情况进行调整。

◆ 图7-25

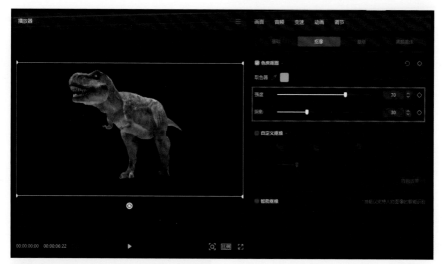

◆ 图7-26

自定义抠像

我们选择剪映素材库热门中的"土拨鼠叫"这个素材。在素材库中找到这个素材，然后点击素材右下角的"+"将其插入到我们的剪辑中，如图7-27所示。

◆ 图7-27

选中这段素材，点击属性调节区的"抠像"，然后勾选"自定义抠像"，就可以出现如图7-28所示的界面。

自定义抠像提供了3个工具供我们来使用，分别是智能画笔、智能橡皮和橡皮擦。

智能画笔：类似于Photoshop中的魔棒工具。智能画笔可以帮我们快速智能地选定要抠取的图像。使用鼠标大致勾勒出要抠像的区域后，智能画笔会自动帮我们填充未画中的区域。

智能橡皮：对于边界比较模糊的图像，智能画笔有时会过多选择抠像的区域，这时候我们可以使用智能橡皮来擦除多选的区域。

橡皮擦：有时候智能画笔和智能橡皮遇到细节的地方会处理得不是很好，这时可以点击橡皮擦工具，对抠像区域的细节进行处理。

智能画笔在屏幕上画过的区域会变成浅蓝色的

◆ 图7-28

半透明幕布覆盖在原图上，这个浅蓝色的半透明幕布覆盖的区域就是剪映要进行抠像的主体。

　　首先通过智能画笔工具勾勒出我们要抠像的区域，尽量使抠像的区域大于我们要抠像的主体。然后通过智能橡皮和橡皮擦工具擦除掉，使浅蓝色半透明区域完全覆盖我们要抠像的对象，如图7-29所示

◆ 图7-29

　　确认无误后，点击自定义抠像下方的"应用效果"，剪映就会进行抠像处理。播放器上方会显示处理进度，如图7-30所示。处理完成后，就可以在播放器区域预览抠像完成的效果了。

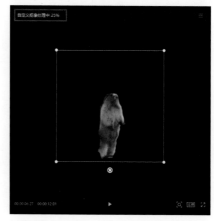

◆ 图7-30

智能抠像

以素材库热门标签中的"nice大叔"这个素材为例进行演示。首先，将这个素材添加到我们的剪辑中，如图7-31所示。

◆ 图7-31

选中素材后，点击属性调节区的"抠像"，然后点击勾选"智能抠像"，即可完成抠像，如图7-32所示。

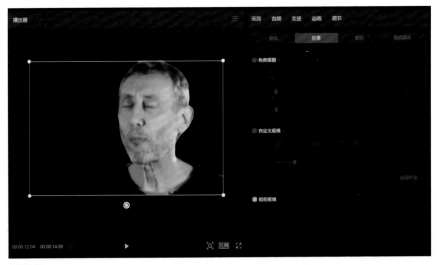

◆ 图7-32

03 混合模式营造更丰富的视觉效果

有时候我们需要将拍摄的两段素材中的内容叠加来增加作品的呈现效果，这时候就可以使用剪映的混合模式。混合模式需要在两个视频轨道重合时才可以使用。如果我们只有一个视频轨道的话，是没有混合模式选项的。

导入素材后，首先选中需要进行混合的素材，然后点击"切画中画"，将素材切换到画中画轨道，如图7-33所示。

拖动下方的画中画轨道，使它和我们要混合的素材时间轴对齐，选中下方的画中画轨道，然后点击"混合模式"，如图7-34所示。

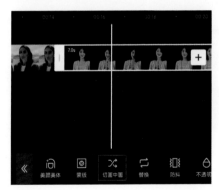

◆ 图7-33

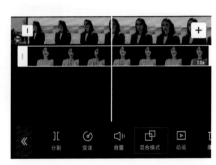

◆ 图7-34

只有选中画中画轨道中的素材时，"混合模式"才会出现。点击"混合模式"后，会出现如图7-35所示的界面。

◆ 图7-35

剪映提供了许多混合模式，我们可以根据自己的需要进行选择和调整。此处我们的示例使用了两个人像的素材，选择滤色功能，然后调节一下混合模式的强度，最终实现的效果如图7-36所示。

◆ 图7-36

剪映提供的混合模式模板每种都有适合的素材，例如变暗、正片叠底、线性加深、颜色加深这4个模板适合处理底色为白色的视频；滤色、变亮、颜色减淡适合处理底色为黑色的视频。如果想要更好地应用这些模式，还需要我们在后续的视频剪辑中，自己多去应用和尝试。

掌握转场技巧
确保画面过渡流畅

　　在视频中加入特效，可以使前后画面衔接更加自然，让影片更加意味深长。本章将介绍一些酷炫的特效转场。

01 认识 视频转场

在视频编辑中，转场是一种重要的技术，它能够使视频从一个场景过渡到另一个场景，使整个视频更加流畅、自然。本章将详细介绍视频转场的概念、类型、应用和技巧，帮助读者更好地理解和掌握这一技术。

转场，也称为切换或过渡，是指在两个镜头之间的衔接方式。通过转场，可以将不同的镜头按照一定的逻辑和顺序组合在一起，形成一个完整的视频。转场的效果对于整个视频的流畅度和观感有着极大的影响，因此选择合适的转场方式对于视频编辑来说至关重要。

根据不同的分类标准，可以将转场分为多种类型。例如，根据转场的方式，可以将转场分为切出、切入、化出、化入等几种类型；根据转场的效果，可以将转场分为硬切、软切等几种类型。每种类型的转场都有其独特的特点和适用场景，编辑需要根据实际情况选择合适的转场方式。

在实际应用中，转场的作用也是不可忽视的。首先，转场可以起到承上启下的作用，使不同的镜头之间建立起有机的联系，形成一个完整的故事线。其次，转场还可以起到渲染氛围、突出主题的作用，通过不同的转场效果来表达特定的情感和意境。最后，转场还可以起到控制节奏的作用，通过合理的转场来调节整个视频的节奏感，使观众更容易沉浸在故事情节中。

那么，如何掌握转场的技巧呢？首先，要明确转场的目的是更好地表达故事情节和主题思想，因此编辑需要具备对故事的整体把握能力。其次，要根据不同的场景和情感选择合适的转场方式，使转场效果更加自然、贴切。此外，还要注重转场的节奏感和流畅度，避免出现生硬或者突兀的转场效果。最后，可以通过参考优秀的视频作品来学习和借鉴其转场技巧，不断提升自己的编辑水平。

02 剪映中常见的转场效果

本节演示几种常见的转场效果。

将两段素材拖至轨道，在媒体素材区切换到转场界面，如图8-1所示。

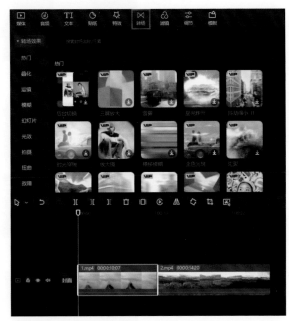

◆ 图8-1

叠化转场

打开叠化特效分组，以雾化转场为例，点击"雾化"图标上的"+"，将其添加到轨道，如图8-2所示。可以看到在两段素材中间出现了转场标志，如图8-3所示。

198

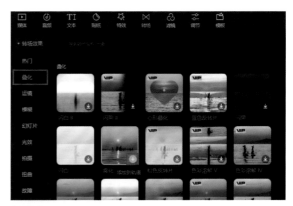

◆ 图8-2

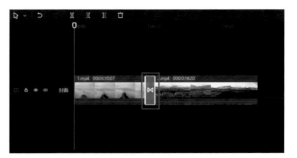

◆ 图8-3

在播放器区可以看到该转
场的效果，经过一阵雾以后第
二段素材出现，如图8-4所示。

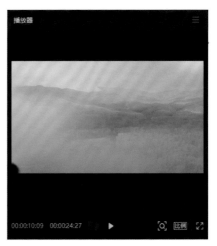

◆ 图8-4

运镜转场

　　打开"运镜"转场分组，点击"回忆下滑"图标上的"+"，将其添加到轨道，如图8-5所示，在播放器区可以看到该转场效果。该转场是以运镜的形式实现，向下滑动出现第二段素材，如图8-6所示。

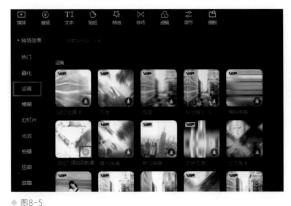

◆ 图8-5

◆ 图8-6

模糊转场

　　打开"模糊"转场分组，点击"放射"图标上的"+"，将其添加到轨道，如图8-7所示，在播放器区可以看到该转场效果。该转场通过放射状的模糊后出现第二段素材，如图8-8所示。

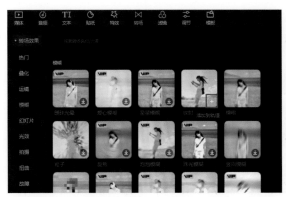

◆ 图8-7

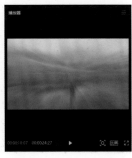

◆ 图8-8

幻灯片转场

打开"幻灯片"转场分组,点击"放射"图标上的"+",将其添加到轨道,如图8-9所示,在播放器区可以看到该转场效果。该转场向下擦除出现第二段素材,如图8-10所示。

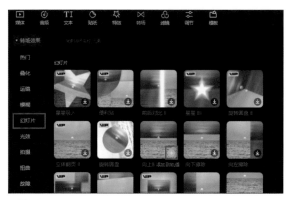

◆ 图8-9

◆ 图8-10

光效转场

打开"光效"转场分组,点击"复古漏光"图标上的"+",将其添加到轨道,如图8-11所示,在播放器区可以看到该转场效果,如图8-12所示。

◆ 图8-11

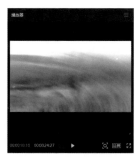

◆ 图8-12

扭曲转场

打开"光效"转场分组，点击漩涡图标上的"+"，将其添加到轨道，如图8-13所示，在播放器区可以看到该转场效果。画面出现漩涡状的扭曲后出现第二段素材，如图8-14所示。

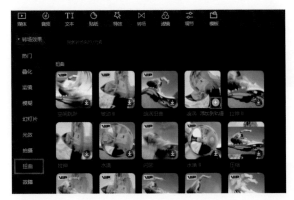

◆ 图8-13

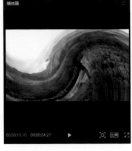

◆ 图8-14

03 剪映专业版 制作特殊转场效果

无缝转场：丝滑变换

无缝转场使视频间的连贯性大大增强，给观众带来丝滑享受，本示例中主要运用的是"线性"蒙版和添加关键帧的组合功能，下面介绍如何制作。

首先在剪映中导入素材，将素材导入到轨道中，如图8-15所示。

202

◆ 图8-15

　　将主轨道的第一段素
材移至画中画轨道，如图
8-16所示。

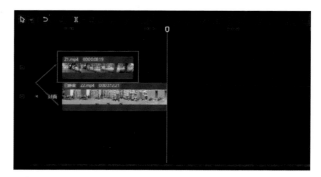

◆ 图8-16

　　选中画中画轨道上的
素材，在素材编辑区"画
面"模块下切换至"基
础"，将时间轴定位至树
木即将完全出现的位置，
在这个位置插入关键帧，
如图8-17所示。

◆ 图8-17

插入的关键帧在轨道中会出现一个小方块，选中时小方块呈蓝色，如图8-18所示，未选中时为白色。

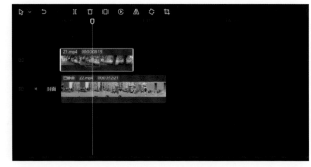

◆ 图8-18

选中画中画轨道素材，在素材编辑区"画面"模块下切换至"蒙版"，选择"线性蒙版"。调整蒙版位置，逐帧调整并插入关键帧，如图8-19所示。

◆ 图8-19

调整两个轨道视频素材的长度使其保持一致，如图8-20所示。

◆ 图8-20

204

连续插入关键帧会
在轨道上显示出多个关键
帧组合成的白色长条，最
后在预览窗口对视频进行
确认，确认无误后即可导
出视频作品，如图8-21
所示。

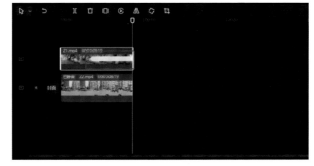

◆ 图8-21

快闪转场：酷炫风格

快闪的画面节奏张弛有度，配上酷炫的踩点音乐让人情不自禁沉浸其中，本示例中主要运用了"变暗"的混合模式和多个转场特效，下面介绍制作方法。

首先在剪映中导入素
材，将素材加入到轨道中，
如图8-22所示。

将文字图像加入到画
中画轨道中，并注意调整
素材的时长，如图8-23
所示。

◆ 图8-22

◆ 图8-23

选中画中画轨道素材，在素材编辑区"画面"模块下切换至"基础"，调整混合模式，选择"变暗"。能看到中间白字的位置显露出主轨道的画面，如图8-24所示。

◆ 图8-24

在素材编辑区"动画"模块下切换至"组合"，选择"拉伸扭曲"组合动画。将时间调至最长，如图8-25所示。

◆ 图8-25

在剪映界面的左上角找到功能区内的"转场"，选择"特效转场"，在其中找到"分割"，将其加入轨道，并在素材编辑区将时长调至0.5 s，如图8-26所示。

◆ 图8-26

在"特效转场"中选
择"分割Ⅲ",将其插入
第二段素材之后,并在素
材编辑区将时长调至0.5 s,
如图8-27所示。

◆ 图8-27

在"特效转场"中选
择"分割Ⅳ",将其插入
第三段素材之后,并在素
材编辑区将时长调至0.5 s,
如图8-28所示。

◆ 图8-28

在"特效"分类下选
择"DV"分区,使用"局
部色彩"效果,并在素材
编辑区对特效参数进行编
辑,调整特效时长,如
图8-29所示。随后添加合
适的音乐即可导出完成。

◆ 图8-29

特效——给视频
锦上添花的神器

在视频制作中，特效的应用是必不可少的元素。

它们不仅能够增强视频的视觉效果，还能够更好地表达情感和思想，提高视频的专业水平。因此，对于视频制作者来说，掌握特效的制作技巧和应用方法是非常重要的。

01 剪映的
画面特效

通过添加特效，能够进一步丰富短视频画面的内容，并提升其整体档次。本节将为大家展示几种最常见的画面特效及其应用方式。

使用氛围特效

使用氛围特效，可以在进入画面时产生一种拨开云雾的感觉，并且伴随着星光。添加前如图9-1所示，添加后效果如图9-2所示。

◆ 图9-1

◆ 图9-2

在剪映App中导入一段素
材，点击工具栏中的"特效"，如
图9-3所示。点击后选择"画面特
效"，如图9-4所示。

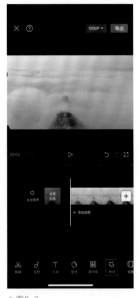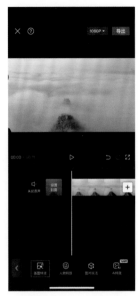

◆ 图9-3　　　　　　　◆ 图9-4

进入"画面特效"界面，可
以看到有"收藏""热门""圣
诞""基础""氛围""动感"等
特效选项卡，点击选择"氛围"，
如图9-5所示，可以看到"可爱
涂鸦""月亮闪闪"等特效，选择
"梦蝶"特效，如图9-6所示。

◆ 图9-5　　　　　　　◆ 图9-6

点击确认后返回，再点击特效轨道中的特效，可以在工具栏中对特效进行调整，如图9-7所示。

"调整参数"可以调节特效的速度和不透明度；"替换特效"可以替换另一种特效；"复制"可以将该特效复制，生成新的特效轨道，特效效果也会叠加；"作用对象"可以在多视频中选择该特效作用于其中的某一视频或全部作用；"删除"即为删除特效；当多特效叠加时，"层级"可以用来调节特效的层级。

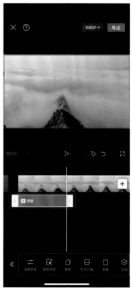

◆ 图9-7

使用自然特效

使用"自然"特效，当进入画面时可以看到大雪纷飞的效果，添加前如图9-8所示，添加后效果如图9-9所示。

◆ 图9-8

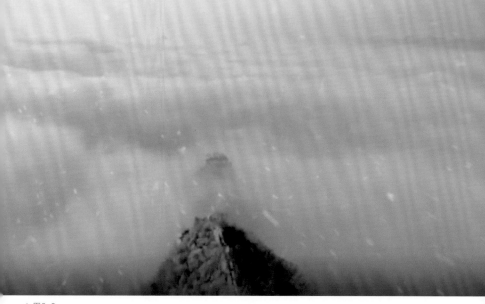

◆ 图9-9

"自然"特效选项卡中可以看到有"大雪纷飞Ⅱ""初雪Ⅰ""樱花飘落"等特效，这里选择"初雪Ⅰ"特效，如图9-10所示。

◆ 图9-10

使用边框特效

　　使用边框特效后，画面四周会出现边框，给人一种复古的感觉，添加前如图9-11所示，添加后效果如图9-12所示。

◆ 图9-11

◆ 图9-12

"边框"特效选项卡中可以看到有"手写边框""视频播放""氛围边框"等特效，点击选择"不规则黑框"特效，如图9-13所示。

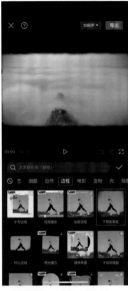

◆ 图9-13

02 视频的人物特效

特效对于人物塑造具有重要作用。通过特效的运用，可以增强人物形象的视觉冲击力和表现力，使人物更加鲜明、生动和立体。本节将为大家展示几种最常见的人物特效及其应用方式。

使用情绪特效

使用情绪特效会很夸张改变人物的表情，让人物由面无表情变为委屈，添加前如图9-14所示，添加后效果如图9-15所示。

◆ 图9-14　　　　　　　　　　　　　　◆ 图9-15

在剪映App中导入一段
素材，点击工具栏中的"特
效"，如图9-16所示。点击后
选择"人物特效"，如图9-17
所示。

◆ 图9-16　　　　　　　　　　　　　　◆ 图9-17

进入人物特效界面，可以看到有"收藏""热门""圣诞""情绪""头饰""身体"等特效选项卡，点击选择"情绪"，如图9-18所示。

切换至"情绪"选项卡，可以看到"点赞""心心眼"等特效，选择"委屈丑丑脸"特效，如图9-19所示。

◆ 图9-18

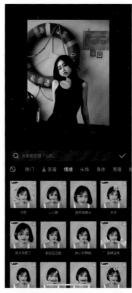

◆ 图9-19

使用装饰特效

使用"装饰"特效，人物背后会出现一对火焰翅膀，添加前如图9-20所示，添加后效果如图9-21所示。

在装饰特效选项卡界面可以看到"火焰图腾""蝴蝶翅膀""圣诞小熊"等特效，点击"火焰翅膀Ⅰ"，如图9-22所示。

◆ 图9-20

◆ 图9-21

◆ 图9-22

使用身体特效

使用"身体"特效，人物的身体边缘会出现发光的描边，添加前如图9-23所示，添加后效果如图9-24所示。

"身体"特效选项卡中可以看到有"热力光谱Ⅰ""沉沦""机械姬Ⅰ"等特效，点击选择"彩色重影"特效，如图9-25所示。

◆ 图9-23

◆ 图9-24

◆ 图9-25

03 剪映专业版中添加特效的方法

本节将介绍在剪映专业版中添加特效的方法。

首先，打开剪映专业版，并导入需要添加特效的视频。在时间轴上，将视频拖拽到下方的轨道上，如图9-26所示。

◆ 图9-26

　　接下来，在功能区点击"特效"，其中有"画面特效"与"人物特效"，点击三角标可以展开分组，其中可以看到不同分类，例如"热门""圣诞""情绪"等，如图9-27所示。

　　选择合适的特效。特效库中包含了各种类型的特效，如转场、滤镜、音效等，如图9-28所示。用户可以根据需要选择相应的特效，并将其拖到选定的片段上。

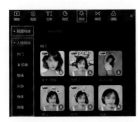

◆ 图9-27

◆ 图9-28

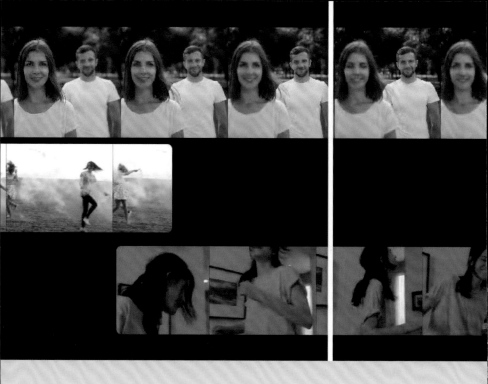

两种回忆效果
让美好记忆永恒

关键帧和蒙版是剪映里面非常实用的工具。我们可以利用这两种工具来制作各种各样的视频效果。本章就简要介绍下如何利用关键帧和蒙版来实现两种不同的回忆效果。

01 利用关键帧制作回忆效果

　　打开剪映App，点击首页的"开始创作"。然后选择我们准备好的3个素材，点击右下角的"添加"，如图10-1所示。

　　首先处理主素材，拖动素材轨道，使时间轴位于2秒左右的位置。视频中女主角开始微笑的时候，选中素材，然后点击下方的"分割"，选中时间轴左侧的素材，点击屏幕下方的"删除"，如图10-2所示。这样主视频的开头部分就做好了。

　　选中第二段视频素材，左右滑动屏幕下方的工具栏，找到并点击"切画中画"，如图10-3所示。

◆ 图10-1

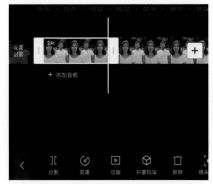

◆ 图10-2

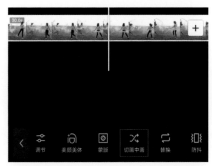

◆ 图10-3

这时候第二段素材就出现在了新的轨道上，并且第三段素材出现在了第二段素材轨道的上方，如图10-4所示。

我们按照同样的方法，选中第三段素材，左右滑动下方的工具栏，找到并点击"切画中画"。这时候第三段素材会出现在第二段素材下方的一个新的轨道上。

为方便效果的呈现，我们需要对两段回忆素材的时长进行调整，使它们的时长为主视频时长的一半左右。主素材经过裁切后的时长为13秒，我们将每段回忆素材的时长裁切为7秒左右。视频裁切完成后，长按并将回忆素材1向左拖动，使它的开始时间在0.5秒的位置，如图10-5所示。

◆ 图10-4

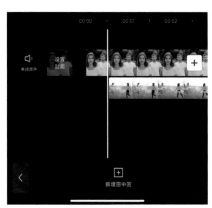

◆ 图10-5

然后我们为回忆素材1设置一个入场动画效果。选中这个素材，然后点击下方的"动画"，如图10-6所示。

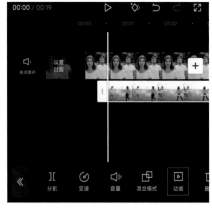

◆ 图10-6

在弹出的界面中选择"动感缩小"的入场动画
效果，并将时间拉长至整个视频长度，如图10-7
所示。

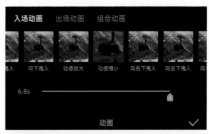

◆ 图10-7

点击屏幕右下角的"√"，将这个效果应用到素材上。由于图层之间相互覆盖的关系，我们现在是看
不到主视频的画面的。接下来我们用关键帧动态调整回忆素材1的不透明度，来实现回忆的效果。

拖动剪辑轨道，使时间轴处于回忆素材1的开始位置。然后选中回忆素材1，点击预览窗口下方的"添
加关键帧"，如图10-8所示。

左右滑动屏幕下方的按钮，找到并点击"不透明度"，如图10-9所示。

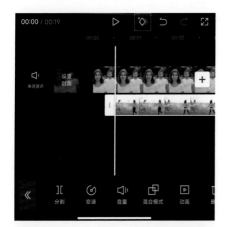

◆ 图10-8

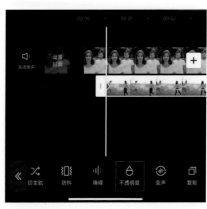

◆ 图10-9

在弹出的界面中将不透明度调整为0，使画面
变得完全透明。点击右下角的"√"，应用这个设
置，如图10-10所示。

◆ 图10-10

我们需要一个回忆内容逐渐显示又逐渐消失的效果，需要在中间调高下不透明度，然后在结尾处调低下不透明度。调整完视频开头的不透明度数值后，将时间轴拖动至回忆素材1的中间位置处，然后调整素材的不透明度至40左右，调整完成后点击右下角的"√"。这时剪映会自动在此处添加1个关键帧，如图10-11所示。

拖动素材轨道，使时间轴处于回忆素材1的结尾处，然后设置此处的不透明度为0，点击右下角"√"。剪映同样会在此处插入一个关键帧，如图10-12所示。这样第一段回忆过程就制作完成了。

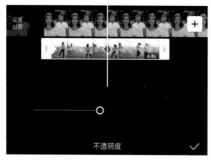

◆ 图10-11

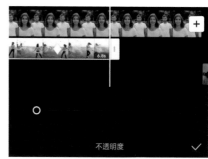

◆ 图10-12

拖动回忆素材2，使它的结尾和主视频结尾对齐。这时候素材2和素材1之间有一部分时间是重合的，正好可以实现一段回忆刚结束，另一段回忆又出现的效果，如图10-13所示。

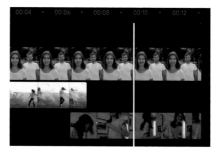

◆ 图10-13

选中回忆素材2，然后按照回忆素材1的处理方式，在开始、中间和结束的位置设置不透明度效果和关键帧信息。设置完成后，第一种类型的回忆效果就制作完成了。

02 利用蒙版制作回忆效果

还有另外一种回忆的效果，是主视频不变模糊，回忆视频在主视频的一侧播放，下面我们来介绍下。

首先，点击剪映App首页的开始"创作"，将3个视频素材添加到我们的剪辑中。拖动素材轨道，使时间轴处于2秒左右的位置。选择主视频，然后点击屏幕下方的"分割"，将主视频分割为两个部分，如图10-14所示。

分割完成后，点击选中前面的片段，然后点击屏幕下方的"删除"，删掉开头我们不需要的片段，如图10-15所示。

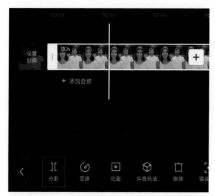

◆ 图10-14

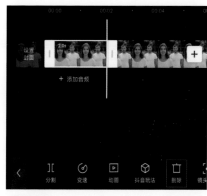

◆ 图10-15

拖动视频轨道，使时间轴处于7秒左右的位置。选中视频素材，点击"分割"，然后删掉分割后主视频后面的部分。保留主视频7秒左右的时长。我们以同样的方式裁切两个回忆素材，使两个回忆素材和主视频保留同样的时长。

调整完素材的时长后，我们选中回忆素材1，点击"切画中画"，如图10-16所示。

此时回忆素材1已经处于主视频下方的轨道中，回忆素材2出现在原来回忆素材1的轨道位置。我们继续选中回忆素材2，点击"切画中画"，完成后的画面如图10-17所示。

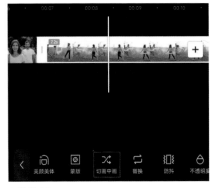

◆ 图10-16　　　　　　　　　　　　　　　　◆ 图10-17

　　我们先拖动回忆素材1，使它的开始时间和主视频开始时间对齐。对齐时手机会有震动的提示。如果视频结尾没有对齐，我们可以手动拖动素材的调整框，来调整回忆素材1的结束时间，使它和主视频的结束时间对齐。对齐后的效果如图10-18所示。

　　我们分别为两个回忆素材设置蒙版效果。首先选中回忆素材1，点击屏幕下方的"蒙版"，如图10-19所示。

◆ 图10-18　　　　　　　　　　　　　　　　◆ 图10-19

在弹出的蒙版选择界面，我们选中"圆形"蒙版。

按住蒙版中心的小圆圈可以移动蒙版的位置。

双指缩放操作可以调整蒙版的大小。我们也可以按住圆形蒙版上方和右侧的箭头来调整蒙版的大小。

双指缩放和拖动调节箭头的区别是双指缩放时蒙版的形状不会发生变化，始终是正圆形，而按住箭头拖动，则可以将蒙版的形状调整成椭圆形。

　　另外，蒙版下方还有个实箭头和虚箭头叠加的双箭头标志，按住拖动可以调整蒙版的羽化值。向外拖动时增加羽化值，蒙版内的图像和外面的图像之间的边界会变模糊。如果向内拖动，则相反，蒙版内图像和外面图像之间的边界会变得清晰。我们适当向外拖动羽化箭头，使主视频和回忆素材之间的边界不那么明显。调整完成后，点击屏幕右下角的"√"，如图10-20所示。

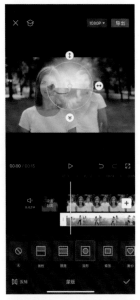

◆ 图10-20

　　这时候我们看到处理完成的回忆素材1的画面是在预览窗口的中间的位置，我们需要调整一下它的位置。选择回忆素材1，然后在预览窗口拖动画面，把它移动到预览窗口的右上角，如图10-21所示。

　　这样回忆素材1的部分就完成了。我们把回忆素材2拖动到开始时间，和主视频对齐，如图10-22所示。

◆ 图10-21

◆ 图10-22

然后我们选中回忆素材2，点击屏幕下方的"蒙版"，为回忆素材2添加一个蒙版。这里我们选择"爱心"这个蒙版。通过双指缩放调整下蒙版的大小，然后拖动虚实双箭头添加羽化效果。最后点击右下角的"√"，应用蒙版，效果如图10-23所示。

◆ 图10-23

选中回忆素材2，拖动预览窗口的图像，回忆素材2就显示在预览窗口的右下角了，如图10-24所示。

这样，另一种回忆效果的视频剪辑完成了。本章只用了部分蒙版效果，后续可以根据自己的需要来选择其他的蒙版进行尝试。

◆ 图10-24

钢琴曲卡点翻转切换效果

    本章主要讲解如何制作钢琴曲卡点翻转切换效果，即钢琴键上的图片会跟随着音乐的节奏进行翻转切换。因为图片是跟着音乐节奏变换的，所以本章也会简单讲解一下如何进行音乐节奏的把握，也就是卡点。

01 制作
第一组动画

首先将素材导入到媒体素材区，然后选中素材图片，将其添加到时间线区的视频轨道上面，如图11-1所示。

◆ 图11-1

点击播放器区右下方的"比例"，在弹出的菜单中选择"16：9"的比例，如图11-2所示。

由于我们的图片素材不是16：9比例的，这时候画面的两侧会有黑边。在属性调节区设置图片的缩放比例，使其填充满整个画面，如图11-3所示。

这一步操作也可以通过在播放器区拉动图片四周的小圆圈来实现。

◆ 图11-2

◆ 图11-3

　　导入图片后，我们来为剪辑添加一首钢琴曲。点击媒体素材区的"音频"，然后点击左侧的音乐素材标签，展开分类列表，在分类列表中点击"纯音乐"这个分类。

　　列表里有很多纯音乐供大家选择，这里以"Promising Future（剪辑版）"为示例，点击这首钢琴曲，等剪映下载完成后，点击右下角的"+"，将其添加到剪辑中，如图11-4所示。

◆ 图11-4

音乐导入完成后，需要对这段音乐进行卡点的操作。首先在时间线区选中这段音乐素材，点击时间线区快捷工具栏上的"自动踩点"，如图11-5所示。

◆ 图11-5

因为这段音乐是从剪映的音频库中导进来的，所以我们可以选择"自动踩点"这个选项，如果是从外部导入的音乐，就需要手动进行踩点。

点击"自动踩点"后，会弹出菜单让我们选择"踩节拍I"或"踩节拍II"。

选择"踩节拍I"，卡点的位置就是每一个小节的第一个音上面。选择"踩节拍II"，卡点的位置就是每一个小节的每一个音，一个小节里有多少音它就卡多少点。所以"踩节拍II"卡点的数量要比"踩节拍I"多，在轨道上的标记就更加密集。

我们要根据视频效果来进行选择，如果想让视频场景或图片切换的速度比较快，就可以选择"踩节拍II"。如果视频节奏慢、视频场景或图片切换速度比较慢，就可以选择"踩节拍I"。

本示例场景切换较快，所以我们选择"踩节拍II"，如图11-6所示。

◆ 图11-6

选择完成后，我们会发现音频轨道下方多了很多黄色的小圆点。这是剪映标记在音频轨道上的节拍，如图11-7所示。

因为音乐刚开始的部分节奏不是很明显，为了视频的效果更好，我们将音乐开头的部分去掉，让音乐直接从节奏明显的位置开始。

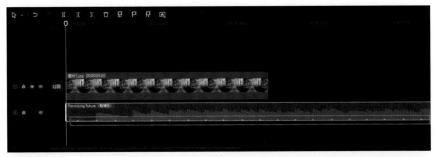

◆ 图11-7

通过试听我们可以发现，音乐从第5个节拍处节奏开始明显，将时间线拖动到这个位置，然后点击时间线区快捷工具栏上的"向左裁剪"，如图11-8所示。

◆ 图11-8

裁剪完成后，左边的音频被删除，如图11-9所示。

◆ 图11-9

我们需要将音频向左拖动，使其与视频的开头对齐。对齐完成后如图11-10所示。

◆ 图11-10

音频部分处理完成后，我们需要对画面进行等分，做成钢琴键的效果。

将时间线拖动到视频开始的位置，点击媒体素材区的"文本"，然后在弹出的界面中点击"默认文本"图标右下角的"+"，将文本添加到时间线区的轨道内，如图11-11所示。

◆ 图11-11

在属性调节区的输入框内将文字修改为9个竖线，然后将字间距调节为24，如图11-12所示。

◆ 图11-12

这时候图片中间部分被分成了8个部分。选中图片素材，点击属性调节区"画面"标签下的"蒙版"，然后选择"矩形蒙版"，如图11-13所示。

◆ 图11-13

调整矩形蒙版的大小，长240，宽1080。然后将它拖动到最左侧，使它的右边和左侧的第1条白色竖线对齐，如图11-14所示。

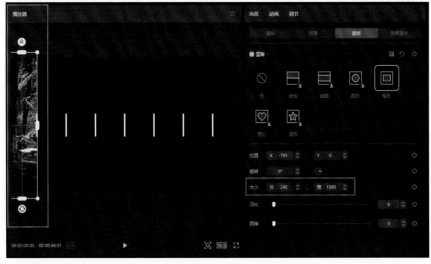

◆ 图11-14

234

将时间线拖动到视频开始处，选中素材图片所在的轨道，然后点击右键，在弹出的菜单中选择"复制"，如图11-15所示。

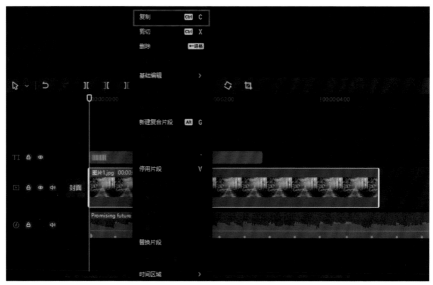

◆ 图11-15

将鼠标移动到时间线区文字轨道的上方，单击鼠标右键，然后在弹出的菜单中选择"粘贴"，如图11-16所示。

◆ 图11-16

粘贴完成后，在当前画面轨道的上方会出现复制的轨道，如图11-17所示。

◆ 图11-17

然后在播放器区调整蒙版位置，使它位于第一个蒙版的右侧，如图11-18所示。

将时间线拖动到视频开始的位置，按照同样的方式，复制当前画面轨道，然后在时间线区进行粘贴。调整蒙版位置，使它覆盖第3个分割区，如图11-19所示。

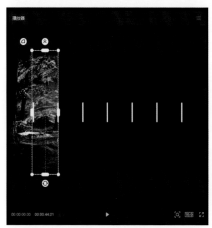
◆ 图11-18

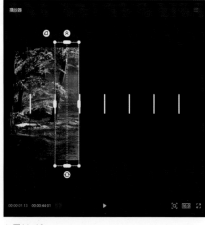
◆ 图11-19

以此类推，将整个画面全部填充完成，如图11-20和图11-21所示。

◆ 图11-20

◆ 图11-21

适当调整蒙版的位置，使图片之间留有一些空隙。调整完成后，选择文字轨道，然后点击时间线区快捷工具栏中的"删除"，如图11-22所示。

◆ 图11-22

这段视频是根据音乐的卡点来进行图片变换的，所以我们要在音乐卡点的位置，对图片进行操作。

将时间线拖动到第一个卡点处，这时音频卡点处的小黄点会变大。然后选中第1个视频轨道，点击时间线区快捷工具栏中的"分割"，将素材分割为两个部分，如图11-23所示。

◆ 图11-23

点击媒体素材区的"媒体"，切换到我们导入素材的界面，然后拖动第2张素材图片到时间线区我们刚分割出来的素材处，如图11-24所示。

◆ 图11-24

　　然后在弹出的界面中点击"替换片段"，将原来的片段替换掉，如图11-25所示。

◆ 图11-25

替换完成后的界面如图11-26所示。

◆ 图11-26

　　我们找到下一个卡点，由于第一个踩点处的音是"叮"的一声，我们找到下一个节拍在音频中的第三个踩点处。将时间线拖动到这个位置，然后选中第2个画面轨道，点击时间线区快捷工具栏上的"分割"，如图11-27所示。

◆ 图11-27

238

分割完成后，再次拖动媒体素材区的第2张素材图片到刚分割出来的素材处，如图11-28所示。

◆ 图11-28

在弹出的窗口中点击"替换片段"，替换完成的界面如图11-29所示。

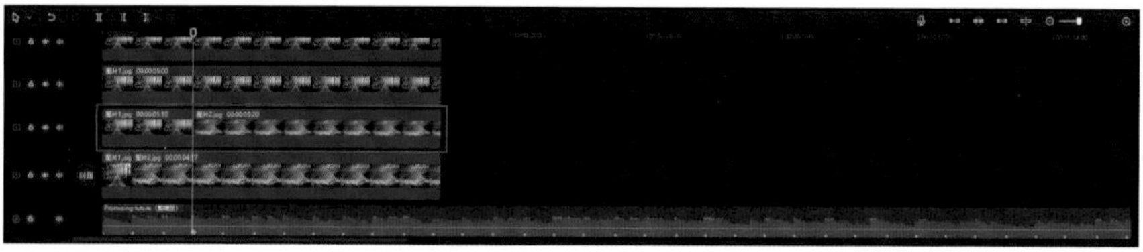

◆ 图11-29

按照上述方式，依次替换图片素材。换到第6张素材图片时，我们会发现素材的时长不够了。可以拖动图片素材右侧的边框，将素材的时长拉长到8秒左右，然后继续替换，直到全部图片素材都替换完成。全部替换完成后的界面如图11-30所示。

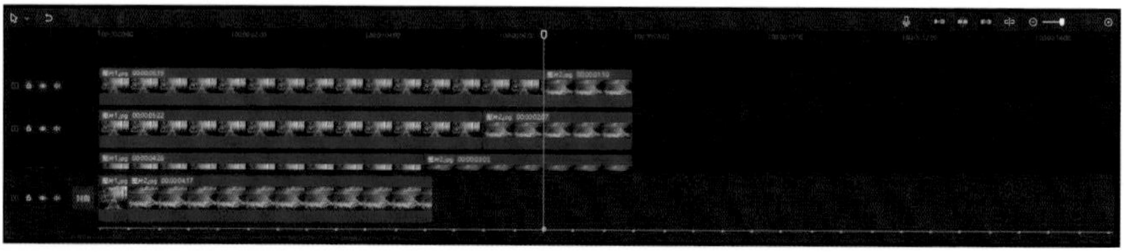

◆ 图11-30

我们将时间线拖动到下一个节拍处，然后将所有的素材都调整到这个时长，如图11-31所示。

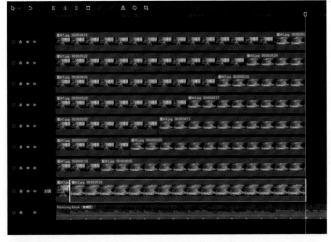

◆ 图11-31

接下来，我们为后面每一条轨道的后半段素材添加一个动画效果。

选中第一个轨道的后半段素材，然后点击属性调节区的"动画"，在入场动画界面选择"渐显"动画效果，如图11-32所示。

◆ 图11-32

用同样的方法为后面所有轨道的后半段素材添加"渐显"动画效果。

02 制作
第二组动画

第一组动画效果就已经完成了。为了效果的连续，我们还需要做第二组动画效果。

拖动每一个视频第二分段的右侧边框，将时长拉到16秒左右，如图11-33所示。

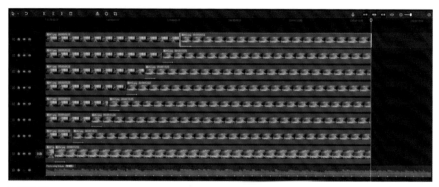

◆ 图11-33

为了和第一组动画有所区分，这次我们从最后一个轨道开始踩点变换图片。

将时间线拖动到下一个踩点处，然后选中最后一个轨道，点击时间线区快捷工具栏上的"分割"，如图11-34所示。

将媒体素材区的第3张图片拖动到分割出来的素材处，如图11-35所示。

◆ 图11-34

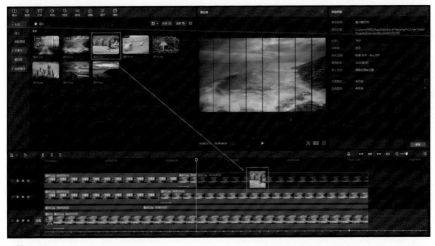

◆ 图11-35

在弹出的界面中点击"替换片段",将图片替换。替换后的效果如图11-36所示。

242

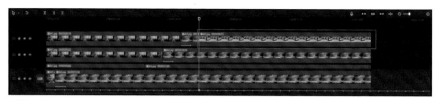

◆ 图11-36

按照同样的方式，把从上到下的轨道在踩点处进行分割，并将分割后的片段替换为第3张素材图片，替换完成后的界面如图11-37所示。

◆ 图11-37

全部替换完成后，我们为每个轨道的最后一个片段添加一个入场动画。选中需要添加入场动画的轨道，然后点击属性调节区的"动画"，在"入场"动画标签内选择"渐显"动画效果，如图11-38所示。

◆ 图11-38

03 设置音乐的淡入和淡出

选中音乐轨道，将时间线拖动到视频结束的位置，然后点击时间线区快捷功能区的"向右裁剪"，如图11-39所示。

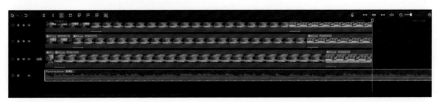

◆ 图11-39

裁剪完成后，我们再对音乐设置一个淡入和淡出效果。选中音乐，将属性调节区的淡入和淡出时间修改为0.5s，如图11-40所示。

到此，音乐卡点切换动画效果算是基本完成了。后续大家可以自行探索添加其他动画效果，或者利用其他形式的分割来制作出更加生动的效果。

◆ 图11-40

● 动态相册

　　动态相册已经成为了人们记录生活、分享回忆的重要方式。本章将详细介绍如何使用剪映 App 和剪映专业版来制作精美的动态相册。通过这两种方法，你可以轻松地将照片和视频素材转化为充满动感的视觉作品。

01 制作酷炫的电子相册

本章教大家制作酷炫的电子相册。

　　打开剪映App，点击"开始创作"，如图12-1所示，进入素材添加界面。选择一张照片素材，点击界面右下角的"添加"，如图12-2所示，将选中的照片导入到剪辑项目中，如图12-3所示。

◆ 图12-1

◆ 图12-2

◆ 图12-3

　　点击底部工具栏中的"比例"，如图12-4所示，选择"9∶16"的比例，如图12-5所示。然后点击"<"，返回到剪辑界面中，如图12-6所示。

◆ 图12-4

◆ 图12-5

◆ 图12-6

点击底部工具栏中的"音频"-"音乐",进入音乐素材库,如图12-7和图12-8所示,选择一首喜欢的音乐,点击音乐素材右侧的"使用",将其添加至剪辑项目中,如图12-9所示。

◆ 图12-7

◆ 图12-8

◆ 图12-9

在剪辑轨道区选中音乐素材，将音乐的时长调整到7秒左右，如图12-10和图12-11所示。添加的照片素材默认显示时长为3秒，我们要把它调整到和背景音乐相同的时长。按住照片素材最右端的白色图标向右拖动，使之与音乐素材的最右端对齐，如图12-12所示。

◆ 图12-10

◆ 图12-11

◆ 图12-12

接着调整照片素材的大小和位置。用双指在视频预览区滑动，调整照片的位置，并把它调整到合适的大小，如图12-13和图12-14所示。

◆ 图12-13

◆ 图12-14

　　将时间轴竖线定位至视频第1秒的位置，点击底部工具栏中的"画中画"-"新增画中画"，进入素材添加界面，如图12-15和图12-16所示。选择1张照片素材，点击界面右下角的"添加"，把它添加至剪辑项目中，如图12-17所示。

◆ 图12-15

◆ 图12-16

◆ 图12-17

　　用双指在视频预览区滑动，调整照片的位置，并把它调整到合适的大小，如图12-18和图12-19所示。接着把添加的照片素材调整到和音乐素材相同的时长，如图12-20所示。

◆ 图12-18

◆ 图12-19

◆ 图12-20

　　将时间轴竖线定位至视频第2秒的位置，点击底部工具栏中的"画中画"-"新增画中画"，进入素材添加界面，如图12-21所示。再选择1张照片素材，点击界面右下角的"添加"，把它添加至剪辑项目中，如图12-22所示。用双指在视频预览区滑动，调整照片的位置，并把它调整到合适的大小。接着把添加的照片素材调整到和音乐素材相同的时长，如图12-23所示。

◆ 图12-21

◆ 图12-22

◆ 图12-23

　　重复上述步骤，每隔1秒添加1张照片，并把它们依次调整到合适的大小和位置，如图12-24和图12-25所示。本示例总共添加6张照片。画中画最多只能添加6个轨道，每个轨道只能添加1个素材，再加上主轨道的素材，最多7个素材。

◆ 图12-24

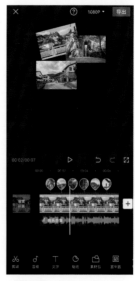

◆ 图12-25

在剪辑轨道区选中主轨道的照片素材，点击底部工具栏中的"动画"-"入场动画"，如图12-26和图12-27所示，选择"渐显"入场动画，点击"√"，如图12-28所示。

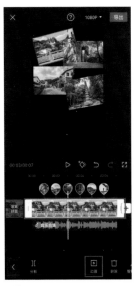

◆ 图12-26   ◆ 图12-27   ◆ 图12-28

接下来，在剪辑轨道区选中第1个画中画素材，点击底部工具栏中的"动画"-"入场动画"，如图12-29和图12-30所示，仍然选择"渐显"入场动画，点击"√"，如图12-31所示。

◆ 图12-29   ◆ 图12-30   ◆ 图12-31

重复上述步骤，给所有画中画素材都添加"渐显"入场动画，如图12-32所示。这样一来，炫酷的电子相册短视频就制作完成了。点击界面右上角的"导出"，将视频导出，如图12-33和图12-34所示。

◆ 图12-32

◆ 图12-33

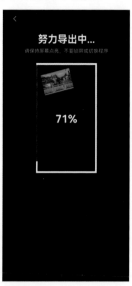

◆ 图12-34

最终短视频的画面效果如图12-35、图12-36、图12-37、图12-38所示。

◆ 图12-35

◆ 图12-36

◆ 图12-37

◆ 图12-38

02 制作翻页相册

让记忆中的美好时光随着书页的一页页翻动，美好回忆也慢慢涌上心头，本次示例主要使用剪映的"线性"蒙版和"镜像翻转"动画功能，模拟翻书页般的视频切换效果，下面介绍如何操作。

首先，在剪映中导入多段素材，将其添加到视频轨道中，如图12-39所示。

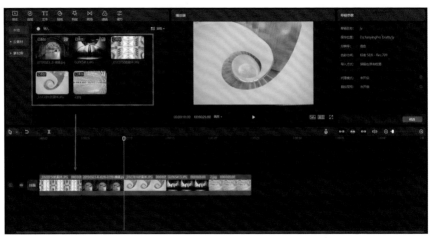

◆ 图12-39

选择第2段素材将其移动到画中画轨道上，并与视频起始处对齐，如图12-40所示。

选中画中画轨道上的素材，在素材编辑区"画面"下切换至"蒙版"，选择"线性"蒙版效果，在预览区中逆时针旋转蒙版，如图12-41所示。

◆ 图12-40

◆ 图12-41

复制画中画轨道上的素材，将其复制到一个新的画中画轨道，并适当调整其位置，如图12-42所示。

选中第2个画中画轨道的素材，在素材编辑区"画面"下切换至"蒙版"，选择"线性"蒙版效果，单击"反转"即可反转蒙版效果，如图12-43所示。

254

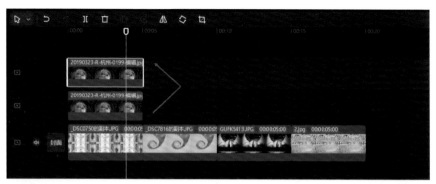

◆ 图12-42

◆ 图12-43

选择第1个画中画轨道的素材，将其时长调整为原来的一半，如图12-44所示。

◆ 图12-44

复制第1个素材，将其复制到第1个画中画轨道，并对其位置进行适当调整，将时间轴拖曳至第1个素材结尾，并对素材进行分割，如图12-45所示。

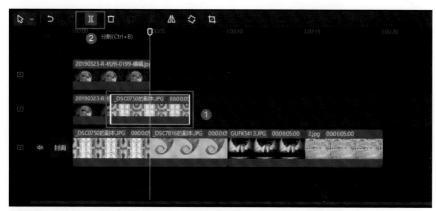

◆ 图12-45

选择分割的前半段素材，在素材编辑区"画面"下切换至"蒙版"，选择"线性"蒙版效果，在预览区中顺时针旋转蒙版，如图12-46所示。

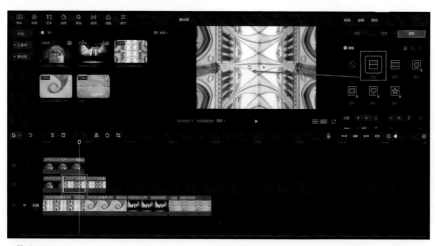

◆ 图12-46

在素材编辑区
"动画"下切换至
"入场",选择"镜
像翻转"入场动画,
将动画时长拉满,
如图12-47所示。

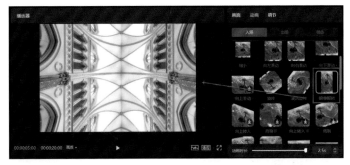

◆ 图12-47

选择第1个画
中画轨道的第1个
素材文件,在素材
编辑区"动画"下
切换至"出场",选
择"镜像翻转"出
场动画,将动画时
长拉满,如图12-48
所示。

◆ 图12-48

重复上述操作
即可实现如书页翻
过般的效果,如
图12-49所示。

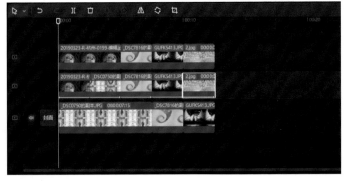

◆ 图12-49